環境安全論
― 持続可能な社会へ ―

工学博士 北爪　智哉
工学博士 池田　宰
工学博士 久保田俊夫　共著
工学博士 辻　　正道
　　　　 北爪　麻己

コロナ社

まえがき

　20世紀に大きく飛躍した科学技術のめざましい発展が，21世紀に入り人々の生活にパソコン，インターネット，音響機器等々の分野を活用させることにより，世界のどこに生活していても世界中で起きている出来事を瞬時に共有することが可能となったため，時空間の隔たりを取り払いながら人々の暮らしを変化させている。

　一方，この発展が地球というかけがえのない物体を蝕み始め，地球生態系のバランスを崩しつつあり，「資源とエネルギーの大量消費による地球環境と健康被害」という20世紀型文明に内在していた地球環境問題が，人間の存続に警鐘を鳴らす状況を作り出しつつある。地球に生活する60数億の人々がこの発展の恩恵に授かるとなるとその文明を支えている資源には限りがあることも認識することが重要である。21世紀の科学に託された命題「持続可能な発展」というテーマのもとで，大量生産・大量消費の時代からグリーン・サスティナブルケミストリー的社会へと未来生活を転換させ，環境問題を解決する必要があるのではないだろうか。このグリーン・サスティナブルケミストリー的取り組み方が，これまでに実践されてきたさまざまな科学技術，環境調和型プロセス，資源循環型システム，シンプルケミストリーなどと異なる点は，ものを作り始めるときにできあがる製品の全ライフサイクルにわたるさまざまな予知を重視している点である。そして，サスティナビリティー（持続可能性）という言葉に込められている，人や企業のみならず地球全体が持続可能な社会を形成していくために，経済成長のみを追求するのではなく，経済的にも効率的にも優れたものを作り，汚染物質や廃棄物が少なく，環境への配慮がなされた安全な製品を供給する科学技術体系を確立していくことが重要であるという思想に基づいている点である。そして，地球と共存する人間社会の構築への幕開きに

まえがき

寄与可能な科学技術と枯渇資源をどのように再利用するのか，代替資源をどのように開発するのかが人類の持続可能な発展に必要不可欠となってきている。現在は，① 地球規模での人口爆発と地域ごとの食料事情の問題点とは何か，② 情報社会という新しい文明の拡大により消費される石油資源は世界規模での急速な発展状態で一体どれくらいの期間使用可能なのか，③ 地球環境の改善策としてはどのような方策があるのか，等々を科学面のみならず経済面や政治面から真摯に考えるときになってきている。

さらに，健康という点から，最近問題となりつつあるものに食物がある。野菜や米のみならず数々の食物が国境を越えて運ばれなければ世界的規模での食料事情の改善が進展していかないという現状により，環境汚染とは切り離せない事柄であり，食物の大量消費をまかなう大量生産のために農薬や化学物質が大量に使用され土壌や水質汚染の原因の一つとなっている。さらに，各国間で異なる化学物質の規制の相違という大きな現実的な問題点も提起されている。

本書では「持続可能な発展」を築くために，従来から問題点として提起されてきた地球環境問題のとらえ方，枯渇資源と循環型社会の考え方，化学物質の安全管理と規制，地球規模での気象問題等に加えて，新しいテーマとして重要と考えられる安全衛生問題，食料事情と化学物質という切り口からの問題点等を取り入れることにより，環境問題の切り口を少し変えた視点から眺めてまとめたつもりであるが，不十分な面も多々見受けられる。それでも本書が，「持続可能な発展」の扉を大きく開くことに役立つことを願っている。

本書は，持続可能な発展という 21 世紀型の科学の進め方に立脚して，現時点において環境のどのような事柄が問題点として指摘されているのかという点を中心に国内外の事情を示しながら学べるように各著者により執筆されている。さらに，本書をもとにして行われる講義において，インターネット等によりさらに最新の事情を取り入れながら学び，考えることにより環境問題に真摯に取り組むことの意義を感じて頂きたい。

2006 年 8 月

著者一同

目　　　次

1. 新しい時代の幕開きと環境安全

1.1　資源・エネルギー ………………………………………………… 1
1.2　地球環境問題 ……………………………………………………… 3
　1.2.1　地球温暖化 …………………………………………………… 5
　1.2.2　オゾン層破壊 ………………………………………………… 8
　1.2.3　オゾン層保存のための世界的な動向 ……………………… 10
　1.2.4　酸　性　雨 …………………………………………………… 14
　1.2.5　砂漠化・熱帯雨林の消滅 …………………………………… 18
　1.2.6　人　口　爆　発 ……………………………………………… 20
　1.2.7　海　洋　汚　染 ……………………………………………… 22
　1.2.8　汚染物質の越境移動 ………………………………………… 23
　1.2.9　野生生物減少 ………………………………………………… 23
　1.2.10　黄　　　　砂 ………………………………………………… 24
　1.2.11　ヒートアイランド現象 ……………………………………… 24

2. グリーンケミストリー

2.1　グリーンケミストリーとは何か ……………………………… 25
2.2　バイオマス資源 ………………………………………………… 27
　2.2.1　糖質系バイオマス …………………………………………… 29
　2.2.2　油脂系バイオマス …………………………………………… 30
　2.2.3　セルロース系バイオマス …………………………………… 32
　2.2.4　生物廃棄物系バイオマス …………………………………… 33

目次

- 2.2.5 これからバイオマスに期待するもの ……………………… 33
- 2.2.6 バイオマス発電・熱利用 ……………………… 34
- 2.2.7 エコタウン ……………………… 34
- 2.3 グリーンケミストリーを考慮した製品 ……………………… 35
  - 2.3.1 生分解性ポリマー ……………………… 35
  - 2.3.2 酵素重合 ……………………… 36
  - 2.3.3 キシリトール ……………………… 39
  - 2.3.4 γ-オリザノール ……………………… 40
  - 2.3.5 1,3-ジアシルグリセロール ……………………… 40
  - 2.3.6 高度不飽和脂肪酸 ……………………… 41
  - 2.3.7 木質ペレット燃料 ……………………… 41
  - 2.3.8 昆虫工場製造のインターフェロン ……………………… 41
- 2.4 環境影響評価およびライフサイクルアセスメント ……………………… 42
  - 2.4.1 アトムケミストリーの概念 ……………………… 42
  - 2.4.2 アトムエコノミー・原子効率 ……………………… 43
  - 2.4.3 原子効率 ……………………… 47
  - 2.4.4 環境指数 ……………………… 49
  - 2.4.5 アセスメント ……………………… 50

3. 労働安全衛生法と作業環境管理

- 3.1 有害な作業環境の種類 ……………………… 54
  - 3.1.1 作業環境因子 ……………………… 54
  - 3.1.2 有害物の取扱いから健康障害発現に至る経路 ……………………… 57
- 3.2 管理濃度 ……………………… 57
- 3.3 曝露の形態と健康障害の起こり方 ……………………… 59
- 3.4 作業環境管理と作業環境測定 ……………………… 60
  - 3.4.1 作業環境管理 ……………………… 60
  - 3.4.2 作業環境測定 ……………………… 61
  - 3.4.3 測定の方法 ……………………… 62
  - 3.4.4 測定の手順 ……………………… 63

 3.4.5 A 測定と B 測定 …………………………………………… 63
 3.4.6 管 理 区 分 ……………………………………………………… 64
 3.4.7 作業環境測定結果の評価 ………………………………… 64
3.5 作業環境の改善 …………………………………………………… 65

4. 化学薬品管理

4.1 化学薬品とは …………………………………………………… 68
4.2 化学薬品の有害性と環境リスク …………………………………… 69
 4.2.1 環境リスク ………………………………………………… 69
 4.2.2 化学薬品の有害性 ………………………………………… 70
4.3 化学薬品の危険性 ………………………………………………… 72
 4.3.1 化学薬品の発火性 ………………………………………… 72
 4.3.2 化学薬品の引火性 ………………………………………… 73
4.4 化学薬品の管理や廃棄に関する規制 …………………………… 73
 4.4.1 危険性物質に関する規制 ………………………………… 73
 4.4.2 PRTR ……………………………………………………… 75
4.5 化学薬品の保管や廃棄などの管理に関する実際 ……………… 76
4.6 安全な化学薬品管理のために …………………………………… 78

5. 大気・土壌・水環境の汚染

5.1 環 境 汚 染 ………………………………………………………… 79
5.2 大 気 汚 染 ………………………………………………………… 81
 5.2.1 閉鎖空間の汚染 …………………………………………… 81
 5.2.2 地域規模・地球規模の大気汚染 ………………………… 82
5.3 土 壌 汚 染 ………………………………………………………… 86
5.4 水 環 境 汚 染 ……………………………………………………… 88
 5.4.1 日本の水質保全施策 ……………………………………… 88

| 5.4.2 地下水汚染 ………………………………………………… 90
| 5.4.3 海水の汚染例 ………………………………………………… 91
| 5.4.4 河川・湖沼・ダム湖の汚染 …………………………………… 91
| 5.5 文明社会の持続と環境保全のバランス ………………………………… 92

6. 食品と環境

6.1 日本におけるの食品の自給率，需要と輸入食品の推移 …………… 94
6.2 食品摂取における人体危害 ……………………………………………… 99
    6.2.1 農　　薬 ………………………………………………………… 99
    6.2.2 残留農薬（残留農薬基準） …………………………………… 101
    6.2.3 農薬等のポジティブリスト制 ………………………………… 101
    6.2.4 植物ホルモン …………………………………………………… 105
    6.2.5 生 物 農 薬 ……………………………………………………… 106
    6.2.6 ポストハーベスト農薬 ………………………………………… 108
    6.2.7 動物性抗菌・合成抗菌剤 ……………………………………… 109
    6.2.8 食品添加物 ……………………………………………………… 110
    6.2.9 食 中 毒 ………………………………………………………… 112
    6.2.10 内分泌撹乱物質 ………………………………………………… 114
    6.2.11 感染症（鳥インフルエンザ，BSE） ………………………… 116
6.3 遺伝子組換え ……………………………………………………………… 119
6.4 その他の食品汚染物質 …………………………………………………… 122

7. バイオハザード

7.1 バイオハザードとは …………………………………………………… 125
7.2 バイオハザードに関する規制 ………………………………………… 125
7.3 バイオハザード実験室 ………………………………………………… 126
7.4 バイオハザードの対象となる廃棄物 ………………………………… 127
7.5 感染性廃棄物の処理および廃棄方法 ………………………………… 129

| 7.6 今後のバイオハザード対策 | 130 |

8. 環境保全技術

8.1 アジェンダ21	131
8.2 持続可能な発展のための産業支援技術	133
8.3 環境管理技術	134
8.4 環境保全処理技術	134
8.4.1 大気汚染防止技術	134
8.4.2 ダイオキシン類の抑制除去技術	135
8.4.3 廃棄物処理技術	136
8.4.4 PCBの処理技術	137
8.4.5 重金属廃液のフェライト安定化処理技術	137
8.5 廃棄物の越境移動	137
8.6 環境負荷低減技術	138
8.6.1 リユース・リサイクル技術	138
8.6.2 ペットボトルのリサイクル	139
8.6.3 アルミ缶	140
8.6.4 エコマテリアル技術	140
8.6.5 省エネルギー技術	141
8.7 リスクマネジメント（リスク管理）	142
8.7.1 環境リスク（健康リスク）	143
8.7.2 リスク管理とリスクコミュニケーション	144
8.8 法制度によるリスク管理	146
8.8.1 環境基本法	146
8.8.2 環境汚染物質排出および移動登録	147
8.8.3 有害物質排出規制	147
8.8.4 土壌環境回復	148
8.9 国際社会におけるリスク管理	149
8.9.1 国連環境計画の活動	149

- 8.9.2 ロンドン条約 ………………………………………………… 149
- 8.9.3 バーゼル条約 ………………………………………………… 150
- 8.9.4 介入権条約 …………………………………………………… 150
- 8.9.5 海洋汚染防止条約 …………………………………………… 151
- 8.9.6 環境援助 ……………………………………………………… 151
- 8.9.7 生物多様性保護 ……………………………………………… 152
- 8.9.8 生態系回復プログラム ……………………………………… 153
- 8.10 GHS ……………………………………………………………… 154

引用・参考文献 ……………………………………………………… 155
索　　引 ……………………………………………………………… 156

1. 新しい時代の幕開きと環境安全

　人が大きなエネルギーを手に入れ，動力として利用しはじめたのは産業革命以降であり，それ以後の科学技術のめざましい発展が文明を大きく切り開いてきたのは言うまでもない事実である。この流れは20世紀に入り，資源とエネルギーを大量に消費する文明を作り，地球生態系のバランスを崩し，人間の存続に警鐘を鳴らし始めている。

　21世紀という新しい扉の幕開きは，まさに地球というかけがえのないものと共存する人間社会の構築への幕開きでなければならない。

　本章では地球生態系にいったいどのような問題が生じ，どのような状態となっているのかを知り，どのように対処していけば良いのかを互いに学び，意見を述べあいながら"環境と安全"ということについて考えていきたい。

1.1 資源・エネルギー

　資源の枯渇というようなことをかつて人類は考えたのであろうか。20世紀における科学技術のすばらしい発展の陰で，21世紀に入り世界の人口は約65億人に達したと統計され，2050年には90億人に達すると推定されている。このままでは，エネルギー・物質の大量消費・廃棄による資源の枯渇，食料問題，廃棄物による環境汚染問題，温暖化による気象変化などが加速度的に進行し地球の許容限度を超え，地球と人間の生活が破局に至ってしまうことが現実問題として危惧されている。また，化学技術の発達によりつくり出されてきた物質による長期・広域にわたる環境汚染，健康への影響が社会不安の要因として科学技術に携わる人々に適切な対応を迫っているという状況が存在している

こととも事実である。地球上では，現在確実に**砂漠化**が進み，石油の埋蔵量は**表1.1**に示すように的確に算出されており，あと何年くらいで**石油資源**が枯渇するのかが現時点である程度正確に把握されている。

表1.1 石油資源[1]

石油の産出量と埋蔵量〔bbl〕
既知埋蔵量　　　　$W_{kd} = 8.5 \times 10^{11}$
推定埋蔵量　　　　$W_{ud} = 1.5 \times 10^{11}$
累積産出量　　　　$W_p = 8.0 \times 10^{11}$
究極可採資源量　　$W_{ur} = W_{kd} + W_{ud} + W_p = 1.8 \times 10^{12}$
残っていると推定される量は!!
$W_{ur} - W_p = (18.0 - 8.0) \times 10^{11} = 1.00 \times 10^{12}$
あと何年もつのか？ （1995年の産出量　2.26×10^{10} bbl を計算基準として）
同様のペースで使用　　　約60年 年率2％の成長率では　　約40年 年率7％の成長率では　　約20年

さらに，もう一つの化石燃料である石炭の埋蔵量は莫大であり，100年以上の使用が可能であると推定されている。しかし，現在の科学技術では石炭はエネルギーとしてのみ使用可能であり，石油のように20世紀に発展，展開させてきた化学を基盤とする工業製品の原料としての利用に関しては未知であるため，人々の生活を激変させることが予想される。

石油や石炭などのエネルギー資源は，太陽エネルギーの恩恵を受けてはいるが，再生には数億年の年月を要するものであり，**非再生資源**と称されるものである。また石油，石炭は，燃焼により二酸化炭素を放出するため，地球温暖化の一因になっており資源枯渇の問題とともに効率化も考慮する必要に迫られている。そのため，**太陽エネルギー**や**風力エネルギー**のようなクリーンな再生可能なエネルギーの開発が急務となっている（**図1.1**）。一方，森林資源や，水産資源，農産物などは比較的短期間で再生される資源であり，**再生可能資源**と呼ばれている。

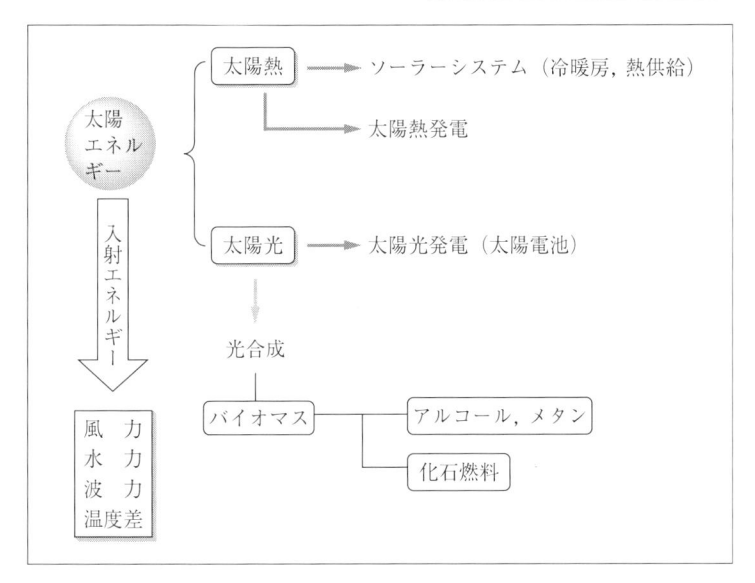

図 1.1　太陽エネルギーの利用

1.2　地球環境問題

1980年代に入ると地球環境に関する数々の問題点が話題にあがってきた。大きく分類すると，以下のような10種の課題へと分類されるのではないだろうか。

① 地球温暖化　　　　　　　⑥ 海洋汚染
② オゾン層破壊　　　　　　⑦ 汚染物質の越境移動
③ 酸性雨　　　　　　　　　⑧ 野生生物減少
④ 砂漠化・熱帯雨林の消滅　⑨ 黄砂
⑤ 人口爆発　　　　　　　　⑩ ヒートアイランド現象

これらについて以下に述べる。

また，**地球環境問題**の関連図を図 1.2 に示す。

4 　1．新しい時代の幕開きと環境安全

図 1.2　地球環境問題の関連図[2]

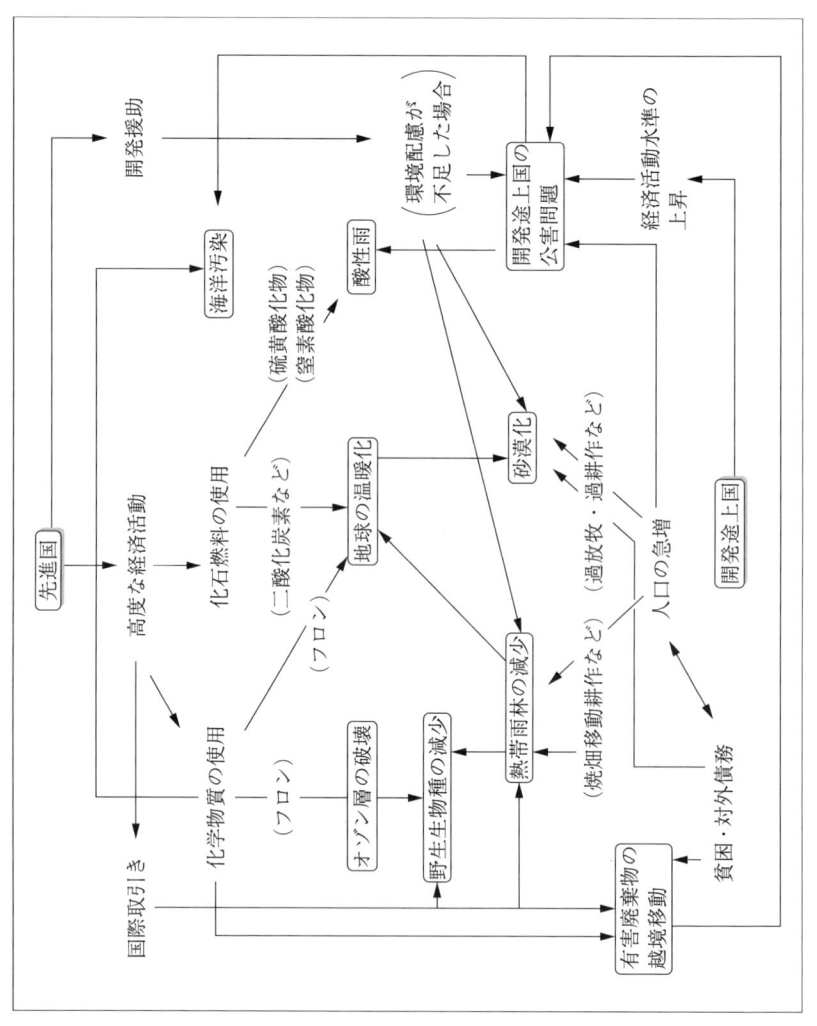

1.2.1 地球温暖化

エネルギー源としての化石燃料を使用することによる二酸化炭素の発生，石油採掘におけるメタンガスの排出，産業の発展に伴い冷媒として使用される**クロロフルオロカーボン**（**CFC**：日本名は**フロン**，何種類かの分子種の総称）や消化剤として使用される**ハロン**，火力発電所や自動車などで発生する**亜酸化窒素**等により，地上から宇宙に放射される赤外線が捕えられ地球全体を温室状態とする**地球温暖化**が大きな問題となってきた。さらに，温暖化に伴い極地に大量に存在する**メタンハイドレート**の溶解も大きな問題点となってきている。メタンハイドレートは，資源量として 250 兆 m³ 埋蔵されていると推定されている。エネルギー資源として眺めれば，メタンハイドレートはすばらしいものであるが，メタンは二酸化炭素の 20 倍の温暖化効果があることが知られているので，エネルギー資源として有効な利用をする方法の開発が望まれている。ここで，2001 年の **IPCC**（Intergovernmental Panel on Climate Change）**評価報告書**に基づいた産業革命以降人為的に排出された温室効果ガスによる地球温暖化への寄与度（**図 1.3**）によると，二酸化炭素とメタンが大きな要因となっ

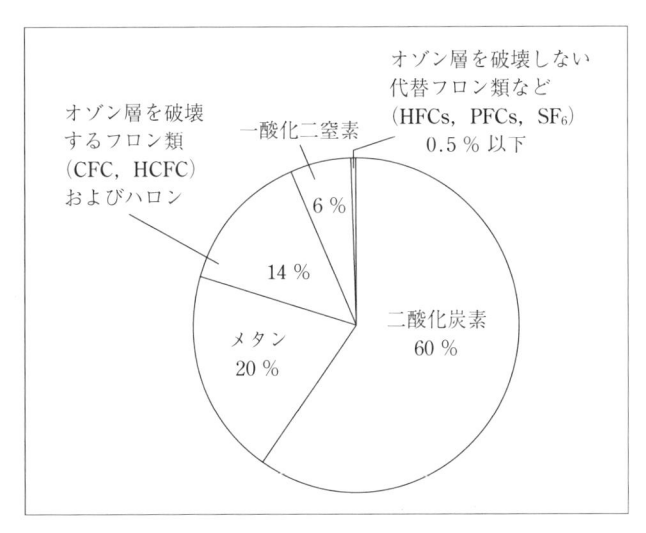

図 1.3 産業革命以降人為的に排出された温室効果ガスによる地球温暖化への寄与度

ていることが理解できる。

わが国においては，全国各地に大気環境測定所，自動車排出ガス測定所，酸性雨測定所が設置され**大気汚染物質**（二酸化硫黄，窒素酸化物，浮遊粒子状物質，一酸化炭素，光化学オキシダント，炭化水素類（メタンを除く））の観測が常時行われている。このような大気汚染物質の量は，1980年代半ばまでは減少の一途をたどってきたが，それ以後は横ばいとなっている[3]。

（1）**二酸化硫黄** 1970年を境にして**二酸化硫黄**の発生源である大規模工場の排ガスへの脱硫装置の装備が徹底され，急激に大気中の二酸化硫黄の濃度を減少させることができるようになった。

（2）**窒素酸化物と浮遊粒子状物質** 自動車の保有台数が過去30年間で約4倍増加したことを考えると，その間の二酸化窒素の濃度についてほぼ横ばい状態が続いていることは驚きという以外にない。浮遊粒子状物質に関しても，ディーゼル車やトラックなどの増加を考えるとほぼ横ばい状態が続いているのは驚きであるが，首都高速や環状道路沿いでは，ディーゼル車から排出されるディーゼル排気粒子は確実に増加しており，諸外国の主要都市と比較しても東京や大阪は大気汚染がかなり良くない環境となっている。

（3）**その他の大気汚染物質** 光化学オキシダントや炭化水素系物質などの汚染物質，特に**ベンゼン**や**揮発性有機塩素系物質**（トリクロロエチレン，テトラクロロエチレン，ジクロロメタン）などの大気中への排出は深刻となってきている。ベンゼンなどは，ガソリンに含有されており，21世紀の幕開きに際しても1％弱の含有量であるが，自動車が走行すればするほどベンゼンが大気中へと排出されている状態である。現在，ガソリン中からベンゼンを確実に除去する方法の開発が生物ひいては生態系を維持していくために望まれている。

さらに，二酸化炭素の大気中での濃度変化は，世界各地の観測点で測定されており平均濃度上昇率は1.5 ppmとされているが，化石燃料の消費量が多い北半球では約3.2 ppmと高くなっている。北半球の化石燃料の消費量は，1990年は1950年代の4倍が消費されており，2100年の二酸化炭素の排出量は1990年の3.5倍になると予想されている。また，平均気温が最低でも3℃，

最高予測値では6℃程度上昇すると予測されている。

地球温暖化防止条約が1992年に締結され，1997年には**京都議定書**が締結され21世紀に入りようやく批准(ひじゅん)されて，二酸化炭素の削減に向けた取組みが動き始めた。**図1.4**に各国の**二酸化炭素排出量**と1人当りの総排出量を示したが，世界では年間約252億トン（2003年）の二酸化炭素が排出されている。日本

(a) 二酸化炭素排出量　　(b) 1人当りの総排出量

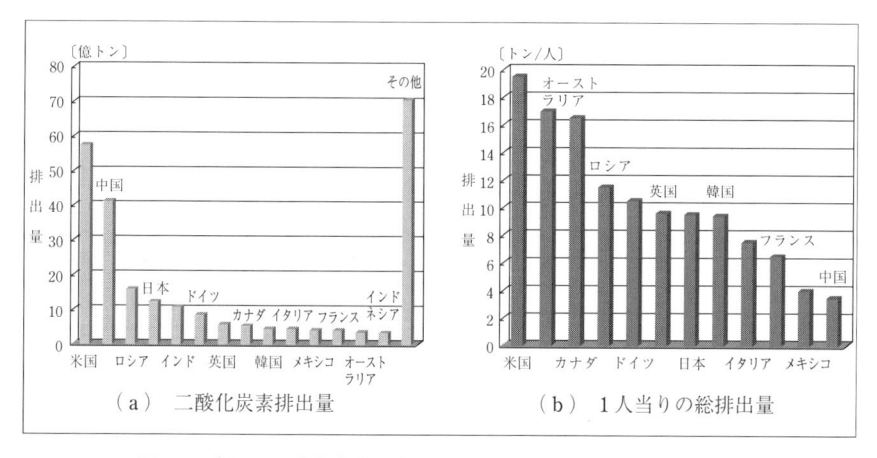

図1.4 各国の二酸化炭素排出量と1人当りの総排出量（2003年）[4]

京都議定書

1997年12月に京都で開催された第3回**気候変動枠組み条約締約国会議**（conference of the parties；**COP 3**）で，先進28か国と欧州連合の2008年から2012年の温室効果ガスの排出量について採択された議定書である。

1990年を基準として先進国全体で5％の削減を決めており，数年を経てようやく世界各国で批准されたが，二酸化炭素排出量で世界のNo.1, 2の米国と中国抜きで議論が行われていることに問題がある。わが国は，6％の削減が義務付けられており，大学もこの削減案に沿ってエネルギーの削減が迫られている。

の排出量は全体の 4.9％，12.3 億トンであり，1 人当りでは 9.4 トンとなる。

米国の排出量は 22.8％と世界最大であり，1 人 1 日当りの量は日本の 2.1 倍である[4]。日本は，省エネルギー技術等が進んでいるが，1990 年と比較して 2002 年では 11.2％増加し，家庭部門からの増加率は運輸部門の増加率を上回っており，1 世帯当りのエネルギー消費量の増大が改めて問題となってきている。

1.2.2 オゾン層破壊

大量に消費され放出されてきたフロン（クロロフルオロカーボン）や二酸化炭素，メタン等に起因する温暖化の問題は一段と深刻になってきている。特に，ウレタンや冷媒などの生活必需品に汎用品として使用されているフロン類は，**モントリオール議定書**により年度ごとに段階的に使用量の削減と廃止をすることの合意が得られた（**図 1.5**）。しかしながら，その使用量は拡大の一途を

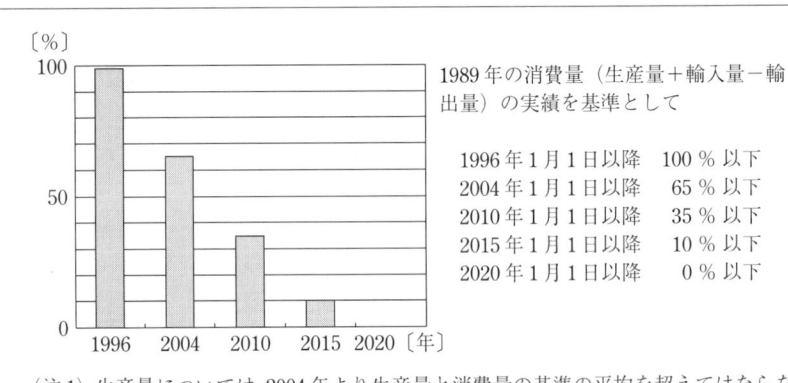

1989 年の消費量（生産量＋輸入量－輸出量）の実績を基準として

年月	基準値
1996 年 1 月 1 日以降	100％以下
2004 年 1 月 1 日以降	65％以下
2010 年 1 月 1 日以降	35％以下
2015 年 1 月 1 日以降	10％以下
2020 年 1 月 1 日以降	0％以下

（注1）生産量については，2004 年より生産量と消費量の基準の平均を超えてはならない。
（注2）ただし，冷凍空調設備の補充用冷媒に限り，消費量の基準の 0.5％を上限として 2029 年までに生産が認められている。

☆基準量＝{HCFC の 1989 年（消費量・生産量）}＋
　　　　　　{CFC の 1989 年（消費量・生産量）}×2.8％
　CFC：クロロフルオロカーボン（フロン）
　HCFC：ハイドロクロロフルオロカーボン

図 1.5　規制スケジュール

たどっているのが現状であり，生産，使用している各国のさらなる合意が必要となっている。

特に，地上約 12 km から 50 km の成層圏には**オゾン層**と呼ばれる領域が存在し，オゾンの濃度（$4〜6×10^{-12}\,mol/l$）が非常に高いことが知られている（**図 1.6**）。オゾンは，酸素分子が紫外線により二つの**酸素ラジカル**へと分解され，この酸素ラジカルが酸素分子と反応することにより生成するバイラジカルの活性な分子である。このオゾン層の破壊が起こっていると指摘するモリーナ（M. J. Molina）とローランド（F. S. Rowland）の論文が Nature 誌に掲載されたのは 1974 年のことである。

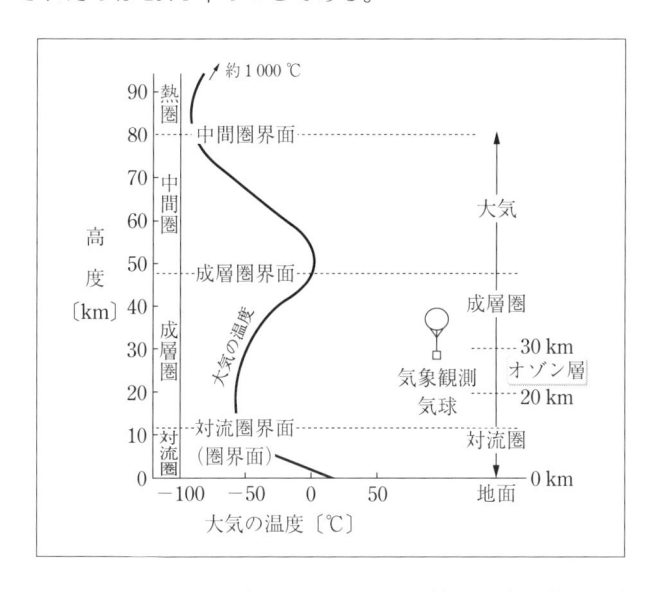

図 1.6 大気の領域

わが国においても時を同じくして同様の現象が観測されている。約 10 年後の 1985 年になると**ニンバス 7 号衛星**により，南極上空でフロンによって引き起こされたと考えられるオゾン層の穴が観測され，それ以後極地でしばしば**オゾンホール**と呼ばれる穴が観測されるようになった。

では，どのようにしてオゾンはフロンによって分解されていくのであろうか。現時点で推定されている分解機構について説明しておきたい。フロンが大気の領域において成層圏に達すると 200〜220 nm の紫外線により分解し，炭

素-塩素結合が解離し塩素ラジカルが生成する。それが酸素原子（この酸素原子はオゾン O_3 が紫外線を吸収して生成する）と結合して ClO となる。そして，この ClO にもう1個 O が反応して塩素ラジカルを再生する。このサイクルの繰返しにより，オゾンは分解されていくと考えられている（図1.7）。

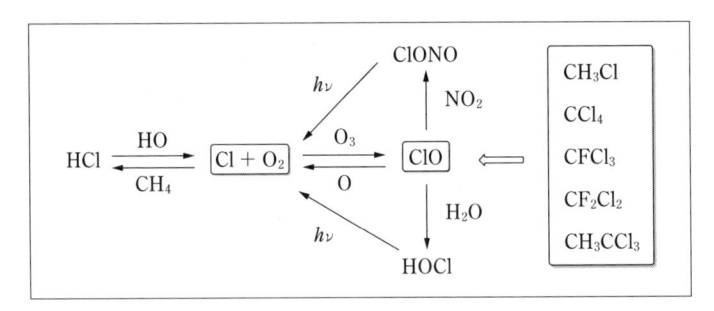

図1.7 Cl-ClO サイクルによる成層圏オゾン層破壊の機構

1.2.3 オゾン層保存のための世界的な動向

各国のオゾン層保護のための動きは，1985年にオゾン層の保護に関する条約がウィーンで締結され保護活動が開始された。その条約の概要は

- オゾン層の変化により生じる悪影響から人の健康および環境を保護するために適当な措置をとること
- 研究および組織的観測などに協力すること
- 法律，科学，技術などに関する情報を交換すること

などである。さらに，オゾン層を破壊する物質に関する**モントリオール議定書**が1987年に採択され，その概要ととしては

- オゾン層破壊物質の規制スケジュール
- 非締約国との貿易規制
- 最新の科学，環境，技術および経済に関する情報に基づく規制措置の評価および再検討

などが盛り込まれており，ナイロビの**国連環境計画（UNEP）**に事務局が置かれている。

日本においても1985年に**特定物質の規制等によるオゾン層保護に関する法律（オゾン保護法）**を制定し，特定フロンの生産，輸入の規制が開始された。さらに，1990年に入りロンドンでモントリオール議定書第2回締結国会議が開催され，規制対象として新たにCF_3CCl_3，CCl_4と10種のクロロフルオロカーボン（フロン）類が追加され，**ハイドロクロロフルオロカーボン（HCFC）**の34化合物についても生産量，輸出入量のモニタリングを行うことが決定された。その後の締結国会議で図1.8に示したような全廃期限が決定され，開発途上国でも先進国に約10年遅れて同様の規制が実施されることとなった。

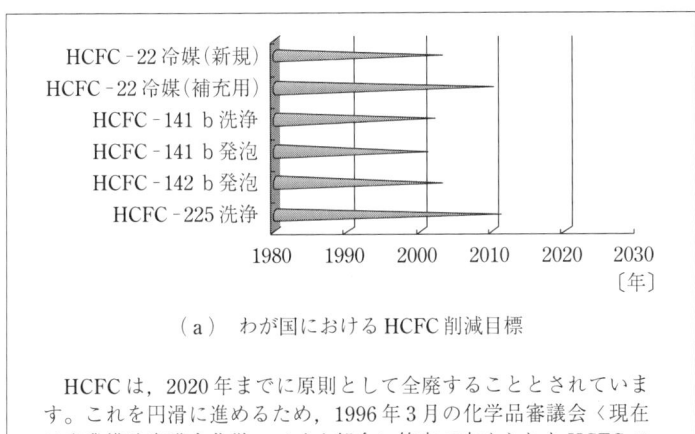

(a) わが国における HCFC 削減目標

HCFCは，2020年までに原則として全廃することとされています。これを円滑に進めるため，1996年3月の化学品審議会（現在は産業構造審議会化学，バイオ部会）答申で定められたHCFCの種類および用途ごとの削減，廃止スケジュールに基づいて，オゾン層保護法による生産許可および輸入貿易管理令に基づく輸入割当制度を運用しています。そのため発泡剤用のHCFC-141bの生産許可および輸入割当は，2004年から認められておりません。

(b) 議定書で定められた全廃期限（補充用冷媒を除く）

図1.8 HCFCの削減

オゾンが1％減少すると皮膚ガンの発生率が3～6％増え，5％の減少ではその発生率は15％へと増加すると言われている。このようにオゾン層破壊により，皮膚の老化の促進，免疫機能の低下など人体への影響はかなり重度であり，オゾン層の減少に伴う紫外線の増加は食物の生態系にもまた大きな影響を

12　1. 新しい時代の幕開きと環境安全

及ぼしている。

　これまで使用されてきたフロンの命名法を**図 1.9** に，フロンの一般名と構造式および諸性質を**表 1.2** に示した。ここで，表 1.2 に示した**オゾン層破壊係数**（ozone depleting potential；**ODP**）や**地球温暖化係数**（global warming potential；**GWP**）が重要である。オゾン層破壊係数は，単位重量〔kg〕当りの数値と定義され，クロロフルオロカーボン（フロン）類の成層圏での濃度と含有する塩素数，分子量に依存している。もちろん，対流圏寿命が重要な因子でありオゾン層破壊係数の計算式には対流圏寿命を含む項が入っている。対流圏寿命の値は大気中の**水酸化ラジカル**（・OH）とフロンの反応速度から決定

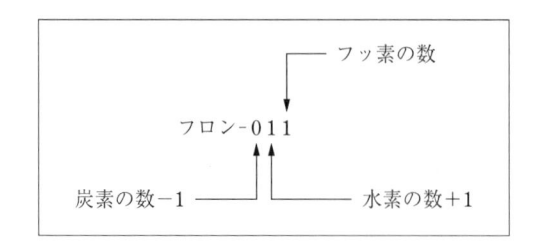

```
                    フッ素の数
                       ↓
           フロン-011
           ↑   ↑      ↑
    炭素の数-1  水素の数+1
```

図 1.9　フロンの命名法

表 1.2　フロンの一般名と構造式および諸性質

フロン名	一般名	化学式	沸点〔℃〕	寿命〔年〕	オゾン層破壊係数（ODP）	地球温暖化係数（GWP）
フロン-11	CFC-11	$CFCl_3$	24	50	1.0	1.0
フロン-12	CFC-12	CF_2Cl_2	-30	105	0.9	3.1
フロン-113	CFC-113	$CFCl_2CF_2Cl$	48	90	0.8	1.5
HFC-23	HFC-23	CHF_3		250	0	7.3
HFC-32	HFC-32	CH_2F_2		6.0	0	0.16
HFC-125	HFC-125	CF_3CHF_2		36	0	0.77
HFC-134 a	HFC-134 a	CF_3CH_2F	-26	14	0	0.25
HFC-143 a	HFC-143 a	CF_3CH_3		55	0	1.1
HFC-227 ea	HFC-227 ea	CF_3CHFCF_3		41	0	0.69
HFC-236 fa	HFC-236 fa	$CF_3CH_2CF_3$		250	0	3.9
HCFC-22	HCFC-22	CHF_2Cl	-41	15.3	0.05	0.34
HCFC-141 b	HCFC-141 b	CH_3CFCl_2	32	7.8	0.10	0.09
HCFC-142 b	HCFC-142 b	CH_3CF_2Cl	-9	19.1	0.09	0.36
HCFC-123	HCFC-123	CF_3CHCl_2	29	1.6	0.02	0.02

　＊　オゾン層破壊係数と地球温暖化係数はフロン-11 の破壊係数を 1.0 としたときの推定値

され，一般的には CFC-11 の ODP を 1 とした相対値で表記されている。

一方，地球温暖化係数の大小は，フロンがどのような吸収域を有しているかによって決定されるものであり ODP が小さい HFC や HCFC でも GWP が比較的大きいのは，7〜13 μm の赤外光領域に吸収を持っているためである（**表 1.3**）。

表 1.3 温室効果ガスの特徴

温室効果ガス		地球温暖化係数(GWP)	性質	用途・排出源
CO_2（二酸化炭素）		1	・代表的な温室効果ガス	化石燃料の燃焼など
CH_4（メタン）		23	・天然ガスの主成分で，常温で気体 ・よく燃える	稲作，家畜の腸内発酵，廃棄物の埋立てなど
N_2O（一酸化二窒素）		296	・数ある窒素酸化物の中で最も安定した物質 ・他の窒素酸化物（例えば二酸化窒素）などのような害はない	燃料の燃焼，工業プロセスなど
オゾン層を破壊するフロン類	CFC，HCFC 類	数千〜数万	・塩素などを含むオゾン層破壊物質で，同時に強力な温室効果ガス ・モントリオール議定書で生産や消費を規制	スプレー，エアコンや冷蔵庫などの冷媒，半導体洗浄，建物の断熱材など
オゾン層を破壊しないフロン類	HFC（ハイドロフルオロカーボン類）	数百〜数万	・塩素がなく，オゾン層を破壊しないフロン ・強力な温室効果ガス	スプレー，エアコンや冷蔵庫などの冷媒，化学物質の製造プロセス，建物の断熱材など
	PFC（パーフルオロカーボン類）	数百〜数万	・炭素とフッ素だけからなるフロン ・強力な温室効果ガス	半導体の製造プロセスなど
	SF_6（六フッ化硫黄）	22 200	・硫黄とフッ素だけからなるフロンの仲間 ・強力な温室効果ガス	電気の絶縁体など

最も重要なことは，わが国を含む先進国は CFC の消費・生産全廃を 1995 年末までに達成しているが，開発途上国はモントリオール議定書で削減スケジュールの実施に猶予期間が設けられており，1999 年から規制を開始し，2010 年までに全廃することになっている点である。2005 年度には，四塩化炭素の

規制がはじまった。また，2010年度にはフロン，**ハロン**を含む物質が全廃される予定である。そして，2016年からは代替フロンであるハイドロクロロフルオロカーボン（HCFC）の規制がはじまり，2020年には全廃されることになっている（**表1.4**）。

表1.4 規制スケジュール

規制物質	全廃時期
フロン	2010年
ハロン	2010年
CF_3CCl_3	2015年
HCFC	2020年
臭化メチル	2010年

1.2.4 酸性雨

化石燃料に含まれている硫黄分は，石油や石炭を燃焼させたあとに**硫黄酸化物（SOx）**として大気中に放散される。また，交通機関や自動車などで使用されているガソリンや軽油を燃やしたときに生成する**窒素酸化物（NOx）**も同

二酸化炭素と赤外線

大気中には二酸化炭素の600倍の酸素や2300倍の窒素が存在するが，温暖化に関係しないのだろうか。赤外線は，なぜ二酸化炭素に吸収され，温暖化の原因になっているのだろうか。

二酸化炭素には，3種類の振動数（2349，1388，67 cm^{-1}）が存在し，どのように振動するのかを知っていれば謎解きは簡単である。

667 cm^{-1}の振動は，C=O結合が分極しているために振動に同調して，瞬間的に双極子モーメントを生じる。二酸化炭素に波長15 μmの赤外線が当たれば，ボーア（Bohr）の振動数条件により赤外線と同調でき，赤外線を吸収する。吸収されたエネルギーはいずれ放出される。窒素や酸素分子では，双極子モーメントがほとんど生じないために赤外線を吸収しない。

1.2 地球環境問題　　15

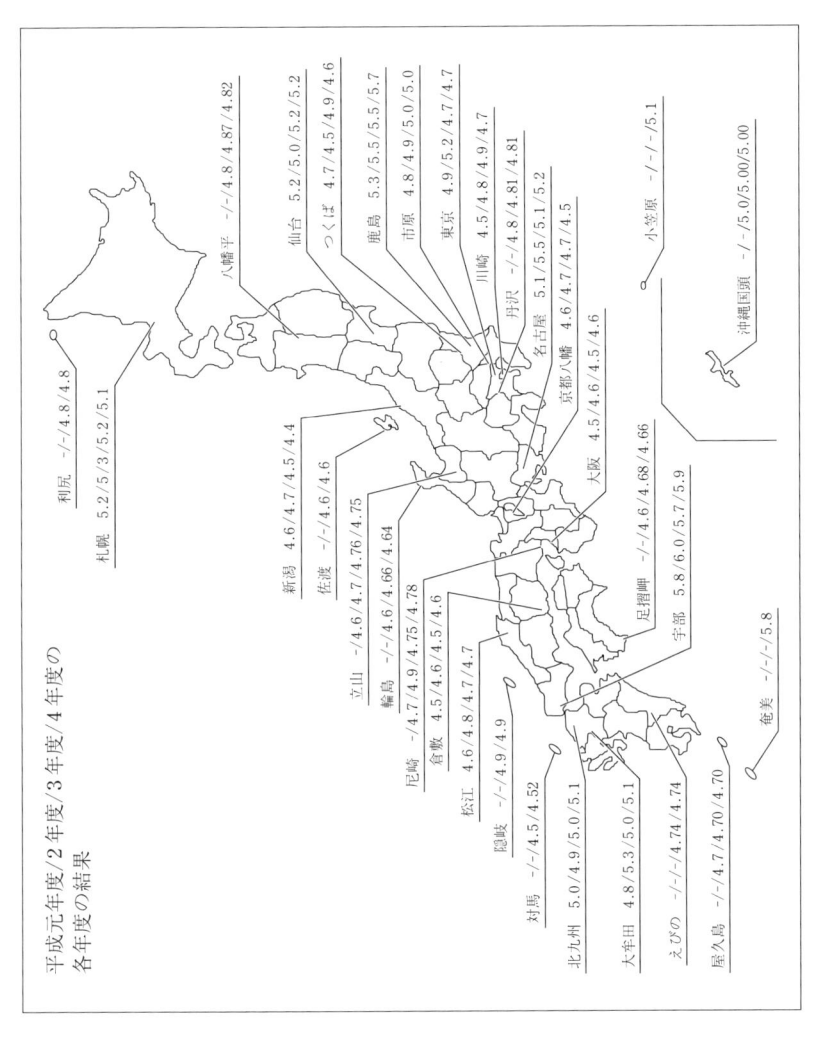

平成元年度/2年度/3年度/4年度の
各年度の結果

利尻　-/-/4.8/4.8
札幌　5.2/5.3/5.2/5.1
八幡平　-/-/4.8/4.87/4.82
仙台　5.2/5.0/5.2/5.2
つくば　4.7/4.5/4.9/4.6
鹿島　5.3/5.5/5.5/5.7
市原　4.8/4.9/5.0/5.0
東京　4.9/5.2/4.7/4.7
川崎　4.5/4.8/4.9/4.7
丹沢　-/-/4.8/4.81/4.81
名古屋　5.1/5.5/5.1/5.2
京都八幡　4.6/4.7/4.7/4.5
大阪　4.5/4.6/4.5/4.6
新潟　4.6/4.7/4.5/4.4
佐渡　-/-/4.6/4.6
立山　-/4.6/4.7/4.66/4.75
輪島　4.7/4.9/4.75/4.78
倉敷　4.5/4.6/4.5/4.6
尼崎　-/4.6/4.8/4.7/4.7
松江　4.6/4.8/4.7/4.7
隠岐　-/-/4.9/4.52
対馬　5.0/4.9/5.0/5.1
北九州　5.0/4.9/5.0/5.1
大牟田　4.8/5.3/5.0/5.1
えびの　-/-/4.74/4.74
屋久島　-/-/4.70/4.70
足摺岬　-/-/4.6/4.68/4.66
宇部　5.8/6.0/5.7/5.9
奄美　-/-/-/5.8
小笠原　-/-/-/5.1
沖縄国頭　-/-/5.00/5.00

図 1.10　酸性雨の pH 分布[3]

様に大気中へと拡散していく。この大気中へ放散された硫黄酸化物や窒素酸化物は，メキシコで観測されているような重度の大気汚染を引き起こしている。また，硫黄酸化物や窒素酸化物が雨に溶け，降り注ぐ雨は水素イオン濃度の高い水であり**酸性雨**と称されている。日本各地に降り注いでいる雨の**酸性度**を酸性雨の pH 分布として前頁の**図 1.10** に示す。

さらに，気象庁では，綾里（岩手県）や南鳥島（東京都）での降水に含まれる化学成分を毎年観測しており，年次経過を報告している。綾里を見ればわかるように，2002 年の pH は 4.7，また，南鳥島では pH は 5.8 であった。p.17 のコラム欄にも記したように，CO_2 が大気中に存在すると一般的には降水の水素イオン濃度（pH 値）が 5.6 となるため，これ以下となった場合に酸性雨と呼んでいる。**図 1.11** からもわかるように綾里では観測開始の 1976 年以降，1980 年代半ばにかけて酸性化が進み，その後大きな変化が見られないことが理解される。

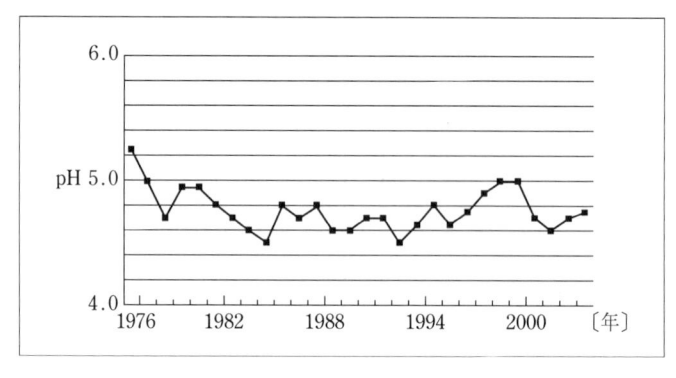

図 1.11 綾里の酸性雨の pH

酸性雨によって引き起こされている事例としては，カナダや北欧で鮭が死滅しており，その地域での酸性雨は pH 5 であると報告されている。図 1.10 に示した酸性雨の pH 分布を再度眺めれば，マスや甲殻類，貝類が死滅すると言われている pH 4.8 より酸性の高い地域がかなり存在することがわかる。さすがに農作物の収穫が減少する pH 4 程度の地域や，野菜類や針葉樹，広葉樹が被害を受け，樹木が立ち枯れていく pH 3.5 の地域は観測されていないが，地

域によっては樹木の立枯れが観測されている。この立枯れの被害としては、ドイツ南部のシュヴァルツヴァルト（黒い森）森林地帯では 75 ％ が被害を受けている。欧州では、自国のみならず隣接する国々で酸性雨での被害が広がっており深刻な状態となっている。わが国でも酸性雨の被害は、樹木のみならずコ

雨の pH

大気中には、二酸化炭素が約 360 ppmv（ppmv は 100 万分の 1、体積比）含まれているので雨は弱酸性を示すのが一般的である。雨の pH はどのように計算すればよいのであろうか。二酸化炭素が水に溶けたとして、便宜上 H_2CO_3 とすると炭酸の解離は以下のような 2 段階解離であるが、第 2 段階の解離は大気中の水の中では無視できる。

$$CO_2(g) + H_2O \rightleftharpoons H_2CO_3 \qquad K_H = \frac{[H_2CO_3]}{P_{CO_2}} \qquad (1.1)$$

（ただし、P_{CO_2} は大気中の CO_2 の分圧）

$$H_2CO_3 \rightleftharpoons H^+ + HCO_3^-$$
$$HCO_3^- \rightleftharpoons H^+ + CO_3^{2-} \qquad K_1 = \frac{[H^+][HCO_3^-]}{[H_2CO_3]} = \frac{[H^+]^2}{[H_2CO_3]} \qquad (1.2)$$

式 (1.1) と式 (1.2) の平衡定数 K_H、K_1 は以下のよう表され、二つの式から

$$[H^+] = \sqrt{K_H K_1 P_{CO_2}}$$

となる。

温度 20 ℃ で

$$K_H = 0.04 \text{ mol}/l \text{ atm}, \quad K_1 = 4.0 \times 10^{-7} \text{ mol}/l$$

である。気圧が 1 気圧で大気中の二酸化炭素濃度が約 360 ppmv のときの CO_2 の分圧を 3.6×10^{-4} atm とすれば上式に値を代入すると

$$[H^+] = 2.4 \times 10^{-6} \text{ mol}/l$$

となり、pH にすると

$$pH = -\log(2.4 \times 10^{-6}) = 5.6$$

となる。この計算から、大気中に CO_2 が存在すると雨の pH は 5.6 程度の弱酸性を示す。

ンクリート壁や金属類まで及んでいることが明らかになってきている。

上空から雨滴が降れば大気中に存在する硫黄酸化物（SOx）や窒素酸化物（NOx）を取り込み地表に沈着させ，強い酸性状態を引き起こす**湿性沈着**という現象を起こす。また，降雨がなくても酸性物質の地表への沈着する現象を**乾性沈着**という。酸性物質の地表への沈着が土中に存在するケイ酸塩と相互作用を引き起こし，より土壌を酸性化することとなり生態系へ大きな影響を及している。

1.2.5 砂漠化・熱帯雨林の消滅

これまで，自然的要因（地球温暖化，気候変動など）が要因と考えられていた**砂漠化**現象が，近年では人的要因が大きな影響を及ぼしていると考えられている。世界人口の爆発的な増加に伴って必要な食料の確保のために森林や熱帯林が切り開かれ，牧場（途上国や先進諸国の食料事情のため）などへと転換されている。化石燃料である石油や石炭が入手困難な世界のいたる所で樹木が燃料として使用され，森林や緑地（途上国のエネルギー問題のため）が破壊され，砂漠化現象が急速に進行している。ここで国連環境計画（UNEP）より示された耕作可能な乾燥地における砂漠化地域の割合を**図 1.12**に示す。これまでに 4 500 万 km^2 が砂漠化し，毎年 6 万 km^2（四国と九州を合計した面積）

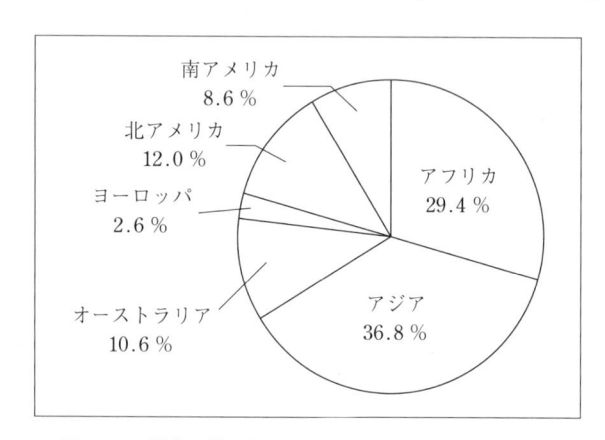

図 1.12　耕作可能な乾燥地における砂漠化地域の割合

の地域が砂漠化していると推定されている。特に，インド（インダス川流域），中国内陸部，アフリカ（サハラ砂漠地域）などでは，食料不足と燃料不足が砂漠化に拍車をかけており，地球規模で眺めれば全地域の4分の1の地域が，人口的には6分の1の人達が砂漠化の何らかの影響を受けていると推定されている。

　砂漠化のもう一つの要因が熱帯雨林の減少である。約8000年前には約60億haの森林が存在していたと推定されており，100％が原生林であった。1998年の統計によると約30億haと減少しており，原生林は約12億haしかないと言われている。しかも，そのうちの75％は北アメリカ，ロシア，アマゾンに集中している。特に，地球規模で二酸化炭素の吸収に寄与しているアマゾン川流域の森林の減少は危惧すべき状態である。この地域では，焼畑農業，放牧地の急速な開発競争，開墾などが大きなスケールで繰り広げられているが，先進諸国の大量資源消費の目的で伐採されている木材も大きな要因である。南米大陸や東南アジアに広がる**熱帯雨林**は，面積比率からすれば陸地の7％にすぎないが，地球の生息する生物種の半数以上が生息している場所であり，生物種の源泉ともいえる場所である。この熱帯雨林が消滅していくことは，**種の起源**と**光合成**という地球にとって欠くことができない二つの重要な基因を危機的状態へと導く要因となる。1960〜1990年の間に約4.5億ha（熱帯雨林全体の5分の1に当たる）が消滅したと推計されている。1980年代から1990年代にかけてどれくらいの熱帯雨林が失われたかを大陸別に**表1.5**に示す。

　統計的に眺めてみると，熱帯雨林だけで毎秒0.5〜1.0 haがなくなっている

表1.5　熱帯雨林の面積の減少

地　域	森林面積〔億ha〕		10年減少率〔％〕
	1980年	1990年	1980〜1990年
アフリカ大陸	5.68	5.27	7
アジア太平洋	3.49	3.10	11
アメリカ大陸	9.92	9.18	3
	合　計　19.10	17.56	全　体　8

＊　FAO 1990年森林資源評価プロジェクト最終報告参考

と言われており，信じられないスピードで熱帯雨林が消滅していることがわかる。単純に計算すると

1秒＝約1 ha（100 m×100 mの森）
1日＝約86 400 ha
1年＝約3 153 600 ha

となる。

わが国では，森林・草原・農耕地等何らかの緑で覆われた地域は，全国土の92.4％に達している。その中で森林は66.5％を占め，アメリカ（23.2％），イギリス（9.9％），フランス（27.3％），ドイツ（30.7％），カナダ（26.5％）（海外の数値はFAOの1999年次の統計値）であり，各国で森林が占める割合いと比較しても高い比率である。

1.2.6 人口爆発

20世紀は科学技術のめざましい発展が注目されがちであるが，別の視点から世界を眺めてみると世界人口の急速な増加があげられる。この人口の増加は，世界各国でより正確に人口が把握されてきていることも要因である。以前から人口はかなりの数であったのではないかという疑念が残るが，確実に増加していることも事実であり，その伸び率は急速で，21世紀の中ごろには世界人口が100億人に達するのではないかと予想されている。エネルギー問題や食糧問題と絡めて考えると，その86％が発展途上国の人口であると推測されていることが重要な事柄である（図1.13）。

図1.14に，21世紀にどのような未来シナリオを選択するかによって，経済成長が人口とともにどのような変化になるのかを予想した図式が国連環境計画（UNEP）から明らかにされているのでここに示す。曲線3で示されている崩壊型曲線では，無政府状態により破壊的壊滅が続き，社会と環境破壊，人口増により地球上での人々の社会生活が崩壊していくことを示唆している。曲線2で示されているバランスを配慮した成長でも，地球がまかなうのが難しい人口増となると推定されている。

1.2 地球環境問題　21

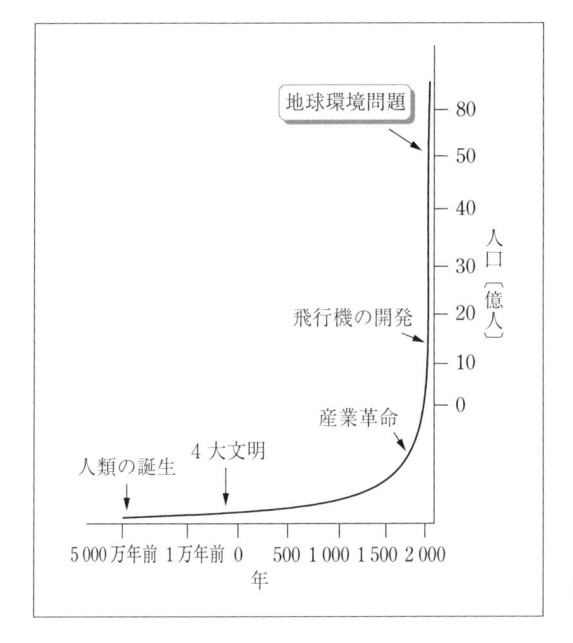

図 1.13 人口増加の軌道

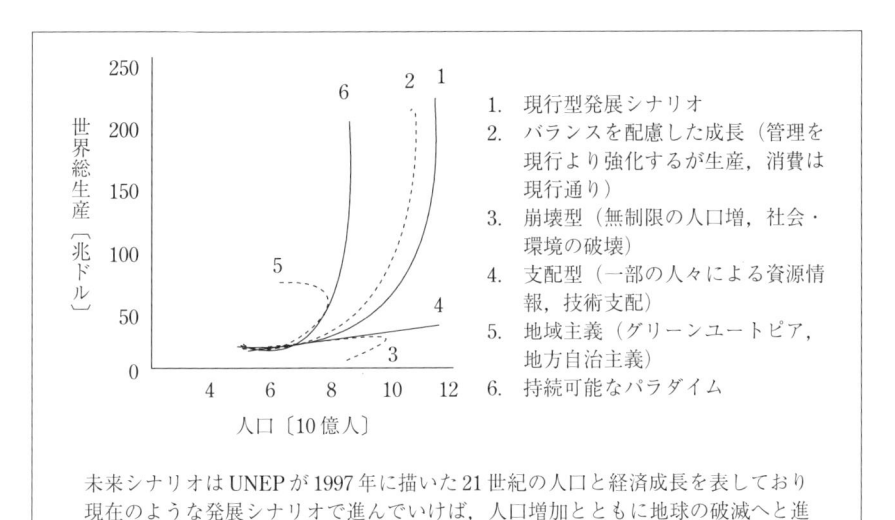

1. 現行型発展シナリオ
2. バランスを配慮した成長（管理を現行より強化するが生産，消費は現行通り）
3. 崩壊型（無制限の人口増，社会・環境の破壊）
4. 支配型（一部の人々による資源情報，技術支配）
5. 地域主義（グリーンユートピア，地方自治主義）
6. 持続可能なパラダイム

未来シナリオは UNEP が 1997 年に描いた 21 世紀の人口と経済成長を表しており現在のような発展シナリオで進んでいけば，人口増加とともに地球の破滅へと進んでいく。

図 1.14 未来シナリオと 21 世紀の人口と経済成長

1.2.7 海洋汚染

海洋汚染とは，海域や海水が化学物質，油脂，廃棄物の投棄等で汚染されることを意味しており，最近では国際間での環境問題での大きな課題点となってきた。汚染の原因は，工場排水，産業廃棄物などの海洋投棄，発泡スチロールやプラスチックなどの海洋浮遊物，タンカー事故などによる油の流出，さらには，し尿の投棄や生活排水によるなど多種多様のものが原因となり得るが，**国連海洋法条約**では，海洋汚染の原因をつぎの四つに分類している。

① 家庭や工場から排出される汚染物による汚染
② 陸上で発生する廃棄物の海上への投棄による汚染
③ 船舶から排出されたり，投棄される物質による汚染
④ 大気汚染物質を通しての汚染

わが国の近海でもタンカーが座礁し，重油が漏れて海洋汚染を引き起こしたというニュースが何回か報道されている。世界に目を向ければ，産油国から消費国へと数多くの大型のタンカーが往来しており，タンカー座礁による海洋汚染は日常茶飯事となってきた。このように数多くのタンカーが往来している現状を考えると座礁が起こることを前提とした**危機管理**体制の確立が重要な事柄となってきている。原油の拡散を防止する界面活性剤の開発はもちろんのこと，どのように原油を回収するのかという技術の開発が急務である。さらに，微生物や菌体を活用した原油の分解，汚染回避技術の開発が必要であり各国の技術協力がぜひとも必要な時代となってきている。

特に，国際的な取組みとしては以下のような条約を通して周辺国と協力して地域的な海洋環境の保全を推進していくことが重要な事柄である。その条約としては，1975年には陸上で発生した廃棄物の海洋投棄，海上焼却に関する規制を定めた**ロンドン条約**，1983年には船舶からの油や有害液体物質，廃棄物の排出などに関する規制を定めた**マルポール条約**，1994年には海洋に関する新しい包括的な法秩序を規定した国連海洋法条約，さらには，1995年には1989年におきた原油タンカー事故をきっかけに，大規模な油流出事故へ対応した，**OPRC条約**などが発効された。

1.2.8　汚染物質の越境移動

　最近，資源回収や再利用という名のもとに先進国から発展途上国へ多量の廃棄物が持ち込まれている。たしかに，資源の再利用という点から考えればできるかぎり資源を回収し有効利用することが必要である。廃棄物の越境がなぜ起こるのであろうか。つぎにいくつかの理由を示す。

　① 廃棄物の発生国での処理費用の増加，処理能力の限界
　② 環境汚染が発生したときの多額の補償
　③ 廃棄物に含有する有価物（特に金属類）の回収
　④ 受入れ国において多国が利用可能な処理施設の存在
　⑤ 受入れ国における廃棄物の規制問題

　わが国も**バーゼル条約**（8章参照）に基づいて毎年数百トンから数千トンの廃棄物を輸出しており，品目としては銅，鉛，スズ等の回収・再利用を目的としたハンダくずやニカド電池等である。また，わが国に輸入されている量は毎年数千トンから1万トン程度であり品目としては，貴金属の粉，写真フィルムのくず，廃水処理汚泥および蛍光体等であり，銅，銀，ヒ素等の回収および蛍光体の再生を目的としている。

1.2.9　野生生物減少

　スイスのグランに本部を置く**国際自然保護連合**（International Union for Conservation of Nature and Natural Resources；**IUCN**）から世界中の絶滅のおそれのある動物をリストアップした種の**レッドリスト**の最新データが2004年に報告されている。その報告では，絶滅の危険性の高さにより三つのカテゴリーに区分され，動植物合わせて約1万5000種が記載されている。三つのカテゴリーとは，critically endangered（**CR**），endangered（**EN**），vulnerable（**VU**）というランクで，日本ではそれぞれ絶滅危惧IA類（**近絶滅種**），絶滅危惧IB類（**絶滅危惧種**），絶滅危惧II類（**危急種**）と称されている。

　（1）　**絶滅危惧IA類（近絶滅種）**　　近絶滅種（CR）は言うまでもなく，絶滅に限りなく近い種であり，哺乳類や鳥類のなかでも中国のヨウスコウカワ

イルカ，ブラジルのアオコンゴウインコなどのように100前後の全個体数という生物を指していることが多い。生物学的に眺めれば，このくらいの個体数の種は，種として存続することがきわめて難しいということを意味している。

（2） **絶滅危惧IB類（絶滅危惧種）**　絶滅の危険がつぎに高いランクであるジャイアントパンダやアフリカゾウが属している。ジャイアントパンダは1 000～1 200頭ほどと言われているが，アフリカゾウは約48万頭と称されている。ジャイアントパンダの理由は理解できるももの，アフリカゾウの場合は減少速度が速いことによりこのランクに振り分けられている。環境省もわが国独自のレッドデータブックおよびレッドリストを作成しているが，そのリストもIUCNが作成したレッドリストの評価基準に基づいて作られている。

1.2.10　黄　　砂

このほか，わが国をはじめとして**黄砂**の現象が新たな環境問題としてあげられる。黄砂は，主として乾燥地帯（ゴビ砂漠，タクラマカン砂漠など）や黄土地帯で強風により吹き上げられた多量の砂塵が上空の偏西風に運ばれて日本，韓国，中国などに降下して引き起こされている。濃度が濃い場合は，天空が黄褐色となることがあり，一般的には，春（3月，4月）に多く観測される。

1.2.11　ヒートアイランド現象

大都市部の気温は，アスファルト舗装，ビルの輻射熱，ビルの冷房の排気熱，車の排気熱などによって，夏になると周辺地域よりも数℃高くなる。等温線を描くと都市部が島の形に似ることから**ヒートアイランド現象**と呼ばれる。これに対する対策がとられており，東京都では雨天時などに吸収した水分を晴天時に蒸発させ，気化熱を奪うことにより，路面の温度を低下させる保水性舗装を都庁舎傍など3か所で実証試験を行うとともに，都庁舎のグリーン化プロジェクトも進めている。例えば，**グリーン化プロジェクト**の一環として，都議会議事堂の屋上を緑化するとともに太陽光発電設備などを設置しグリーン化を進めている。

2. グリーンケミストリー

　新しい世紀の扉が開き，科学の分野でも風の吹き方が大きく方向を変えつつある。20世紀の大量生産，大量消費の時代から人と環境を中心に科学が発展していくことが望まれ始めている。
　本章では，持続可能な発展ということを基本概念とした環境と科学の取組み方について説明したい。

2.1　グリーンケミストリーとは何か

　地球の環境を守るために，これまでさまざまな科学技術が実践されてきたが，ここで述べる**グリーンケミストリー**とは何がどのように異なるのであろうか（表2.1）。その違いはこの技術が，"持続可能な社会"を形成していくための科学技術であり，製品の全ライフサイクルにわたり人に安全で，環境・生態系への負荷を最小限にした製造プロセスや化学品を開発・製造していくための化学技術の実践を意味していることにある。これは，ただ単に"環境にやさしい化学"とは異なっており，人の健康や環境へのリスクを予防し，削減するために，原料，反応，溶剤，反応試薬，高選択性の触媒，製品等をより安全で，環境にやさしいものへと変換していくための科学技術である。また，この変換により経済的にも効率的にも優れたものをつくり，汚染物質や廃棄物の少ない安全な製品を供給する生産システムの構築をめざした科学技術体系の開発と確立を行うことがグリーンケミストリーのめざす方向である。このような考え方は，これまでにも**環境調和型プロセス**，**資源循環型システム**，**シンプルケミス**

2. グリーンケミストリー

表 2.1 グリーンケミストリーの考え方

理　念
・自然生態系や自然環境との調和 ・経済的な発展
ビジョン
・枯渇性資源の使用量を最小限におさえる ・枯渇性資源のリユースを考慮する ・排出を最小限におさえる ・やむを得ず排出するときには，リサイクルを考慮する ・リサイクル，リユースできないものは，自然生態系や自然環境への影響を最小限にして処理する
物質の視点
・人体に悪影響を及ぼす物質の代替品の開発 ・化学産業を中心としたエネルギーシステムの変換 ・リサイクル指向な高分子物質の開発 ・バイオマスの利用
化学技術の視点
・新しい安全な化学品および材料の開発 ・クリーンな合成方法の開発 ・量論的（atom chemistry）な反応剤 ・新溶媒，新反応メディアの開発 ・水中での大量生産プロセスの開発 ・新分離技術…二相系（biphase）系などの開発 ・廃棄物の低減 ・有毒な反応剤の代替
戦　略
・ロードマップをしっかりと描く ・リスクの高い案件の整理，精算などを最優先させる ・最終的にゼロエミッションをめざす

トリーなどと称され，多くの先駆的な例が報告されてきているが，これらの先駆的な技術とグリーンケミストリーとの相違点は，グリーンケミストリーがものづくり化学を始めるときに製品の全ライフサイクルにわたるさまざまな予知を重視している点である。わかりやすい言葉で例えるならば，病気の診断，治療，予防のうちの予防を重視している点である。

また，科学技術には"絶対安全"はないこと，つねに"リスク–ベネフィット間のバランス"を考えて行動すること，不確実性をかかえる事柄から適切かつ常識的な判断をすることが必要とされる。科学技術側からは，**情報開示・リ**

スクコミニュケーション等が不可欠である。

世界各地には，石油より埋蔵量の多い石炭がまだエネルギー源として使用されている場合が多く，石油が枯渇すれば石炭がその代替として有機資源として利用されることになると思われる。しかしながら，石油をエネルギー資源のみならずさまざまな物質の原材料としてとらえるならば，この石油を原料として20世紀後半に開発，発展してきた人間生活に欠くことができない衣食住に関する重要な技術や物質が利用不可能となる可能性が秘められいる。この危険性を回避するための一つの方法として再生可能資源の**バイオマス資源**を利用する効率的な方法をできるだけ早く確立する必要性がある。そこで，まずバイオマス資源について述べてみたい。

2.2 バイオマス資源

石油や石炭などの**枯渇性資源**ではなく，植物由来の資源ならば再生可能であり，温暖化ガスとして負の因子として扱われている**二酸化炭素**（太陽エネルギーにより光合成に利用，有機物へ変換）や**メタン**（化学反応や生物化学的変換により有機物へ変換）なども**有機性資源**として利用可能と考えられる。このような枯渇資源に代わるものとして**バイオマス資源**（生物資源の量を表す概念で再生可能な，生物由来の有機性資源）の利用が期待されている。これまでバイオマスは植物のような有機集積体であると考えられてきたが，最近では**表2.2**に示したような幅広い意味でのバイオマスが重要な再生資源と考えられるようになってきた。さらに，電気や熱に変換可能な太陽光，風水力，地熱などの資源がエタノールやガソリンなどに変換することはできないのに比較して，バイオマスは貯蔵が可能であり有用な有機物へと変換できるという大きな特長がある。安価な原油を利用する石油化学コンビナートの隆盛により長い間大量消費の時代が続いてきたが，枯渇性資源である原油を使用する石油化学からバイオマス利用へと考え方を切り替えるべき時期が到来していると考えることが妥当である。

表2.2 バイオマス資源

自然系
・森林資源（原生林，マングローブ，雑木林） ・水産資源（魚類，ジャイアントケルプ，甲殻類）
生産系
・糖質資源（サトウキビ，テンサイ） ・デンプン資源（米，芋類，トウモロコシ） ・油脂資源（大豆，菜種，ヒマワリ，パーム） ・炭化水素系資源（ゴム） ・セルロース系資源（杉，ユーカリ）
未利用・廃棄物系資源
・農産資源（稲，麦わら，もみ殻） ・畜産資源（家畜排泄物） ・林産資源（残材木，建築廃材，製材残材） ・水産資源（水産加工の残査） ・産業資源（パルプ廃液） ・生活資源（生活廃棄物，下水汚泥）

　また，植物由来のバイオマスは，その生成過程で二酸化炭素を吸収しているため，製造プロセス全体の二酸化炭素の収支を大きく改善できるという大きな利点を有しており，地球温暖化効果の低減への寄与が期待されている。

　バイオマス製品の現時点での用途は非常に限られた分野であり，代表的な用途としては洗剤，染料，色素などである。糖分含有量が多いバイオマスは**エタノール発酵**に，含水率の高い有機性廃棄物は**メタン発酵**に適し，木材のような水分が比較的少ない**バイオマス**は，熱化学的変換に適しているためガス化，発電，熱分解などを行うことができる。下水汚泥のように水分量が多いものでも脱水し固形状にすれば，直接油化処理によりオイル状の液体燃料へと変換できることが示され，経済的にも成り立つ技術となってきている。ただし，バイオマスの具体的な例としてあげられる**工業用デンプン**でも約300万トン利用されているが，その量は米国で生産されるトウモロコシ2.4億トンの約1.3％程度にすぎないことを知り，これから利用されるべき資源であることを認識しなければならない。そこで，**表2.3，表2.4**にバイオマスのエネルギー変換技術の内容，開発状況などについて示す。ここに示した技術は，**熱化学変換**と**発酵技術**に大別されているが，このほかの分別としては植物油のエステル化から得

表2.3 バイオマスの工業的用途と利用量（1992年米国）

バイオマス資源	年間使用量〔万トン〕	用途
木材	8 090	紙，合板
工業用デンプン	300	接着剤，樹脂
植物油	100	インク，塗料，界面活性剤
天然ゴム	100	タイヤ
セルロース	50	ポリマー，繊維
リグニン	20	接着剤

表2.4 バイオマスのエネルギー変換技術の例

熱化学変換	熱分解	還元状態で高温（300～600℃）加熱処理し，生成する物質を利用
	ガス化	ガス化剤（例えば，空気，水蒸気など）とともに高温（700～900℃）でバイオマスをガス化する。この方法によりメタノールなどを製造し，ジメチルエーテル（DME）へ変換しエネルギー源とする
	油化	脱水した下水汚泥などを加圧下で高温（250～350℃）加熱処理し，生成した油状物質を利用
	発電	バイオマスを燃焼し，発生した熱で発電を行う
発酵	エタノール	バイオマスから生物化学的変換プロセスによりエタノールを製造する
	メタノール	嫌気性消化によりメタンを製造する

られる**ディーゼル製造技術**や**バイオペレット製造技術**などが知られている。

2.2.1 糖質系バイオマス

糖質系バイオマスのもととなる，主要穀物（米，小麦）と大麦，ジャガイモ，サツマイモ，トウモロコシ，サトウキビなどの糖質系作物を合わせた生産量は，2001年度の世界全体で35億トンに達しており主要穀物の消費量約19億トンをはるかに超えている。ここで，人類が現在までにどのように資源や食料を消費してきたかを再考し，バイオマス資源としての糖質系物質を考えてみたい。産業革命から20世紀までを考えてみても，地球の資源や食料の大部分が先進国と称されている国々の10億足らずの人達により使用され，食されてきたのではないだろうか。

前述したように現在の世界人口は約60億人であり，2050年には90億人に達すると推定されている。これだけの人が食する主要穀物（米，小麦）と大

麦，ジャガイモ，サツマイモ，トウモロコシ，サトウキビなどの量はどれほどになるのであろうか．人類の英知により余剰生産される糖質系バイオマスは，石油に代わる資源として利用すべきものである．

　ここで，バイオマスはどのような用途が考えられるのであろうか．バイオマスの主要な産業用用途は，デンプン系の接着剤とアルコール，アミノ酸などに有機酸の発酵原料くらいのものである．最近サツマイモやトウモロコシなどの植物を原料とする**ポリ乳酸**が，**生分解性**の新しいポリエステル樹脂として注目されており，衣料，寝装品，土木・園芸資材などに活用され2010年までには全世界で450万トンくらいの植物由来の生分解性素材が流通すると予測されている．このほかでは，植物由来のポリマーとして開発されている石油由来の化学合成が難しい炭素鎖が3個の1.3-プロパンジオールであり，特異な性質を有する繊維がつくり出されている．わが国でもデンプン系の生分解性プラスチックが開発されている．つくりだす方法としては合成プラスチックとデンプンとの直接化学合成法，両者をブレンドする方法やグルコースの水酸基エーテル化あるいはエステル化する化学変換法などが開発されている．その他の例として，参考までに**表2.5**に米国トウモロコシ栽培協会（NCGA）によるトウモロコシプロジェクトテーマを紹介する．

表2.5　米国トウモロコシ栽培協会によるトウモロコシプロジェクトテーマ

プロジェクトテーマ	製品・用途
ブタノール	プラスチック，溶剤，塗料
エタノール	燃料
ポリ乳酸	生分解性プラスチック
ポリオール	プラスチック，不凍液
工業用潤滑剤	自動車オイル

2.2.2　油脂系バイオマス

　現時点では，大豆油，菜種油，パーム油，綿実油などの植物油脂および動物油脂から構成される**油脂系バイオマス**の大部分は食糧であり，油脂化学で用いられている量は10％くらいにすぎない．C_{12}とC_{14}の炭素鎖長をもつ脂肪酸，

パーム油（ラウリン酸）とヤシ油は洗浄剤用の界面活性剤や化粧品原料として適している。また，炭素鎖長が飽和や不飽和の C_{18} からなる大豆油，菜種油，ヒマワリ油などは，ポリマーや潤滑剤の原料として利用可能である。さらに，油脂系バイオマスの特長の一つとして，工業製品に誘導した場合の変換効率の高さをあげることができる。例えば，石油からエチレンへの変換効率は約 35％程度なのに対して，油脂から脂肪酸とグリセリンへは 80％以上の変換効率となっている。油脂は脂肪酸のトリグリセライドであり，工業的には高温（250〜300 ℃），高圧（5〜6 MPa）下で高圧蒸気で加水分解して**脂肪酸**と**グリセリン**へ変換され，さまざまな脂肪酸誘導体が製造されている。**図 2.1** に油脂

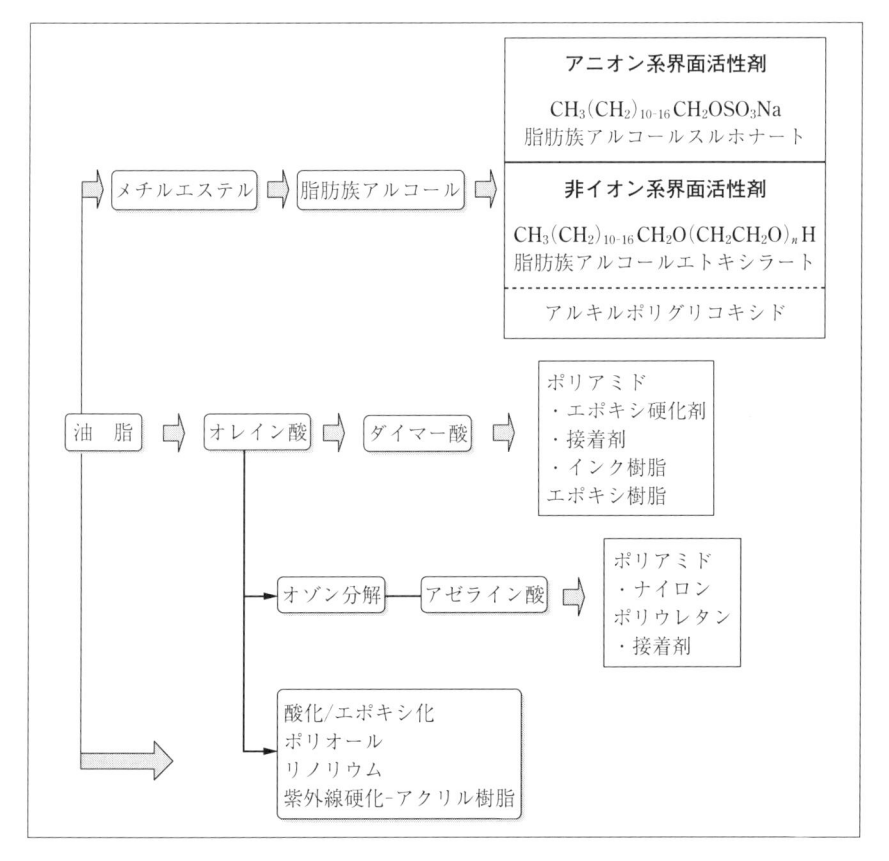

図 2.1　油脂の油化学製品への変換

の油化学製品への変換を示す。

2.2.3 セルロース系バイオマス

針葉樹と広葉樹と言われる木材は再生可能なバイオマス資源であり，その構成成分は，セルロース，ヘミセルロース，リグニン等である。針葉樹と広葉樹では，セルロース成分（45～50 %）については差異はないが，ヘミセルロース（針葉樹15～20 %；広葉樹20～25 %）とリグニン（針葉樹25～30 %；広葉樹20～25 %）には差異が見られる。これらから化学的変換により製造される化学製品は**リグノケミカルズ**と称され，セルロース，ヘミセルロース，リグニンの3種の誘導体のほかに，油脂，樹脂，精油，タンニン，色素などが含まれる。最近，甘味料として注目されている**キシリトール**は，広葉樹のヘミセルロースを酸加水分解して得られるキシロースを還元することにより得られる。さらに，**キシロース**を脱水して得られるものがフルフラールであり，合成繊維，合成ゴム，アミノ酸などの原料となる（**図 2.2**）。

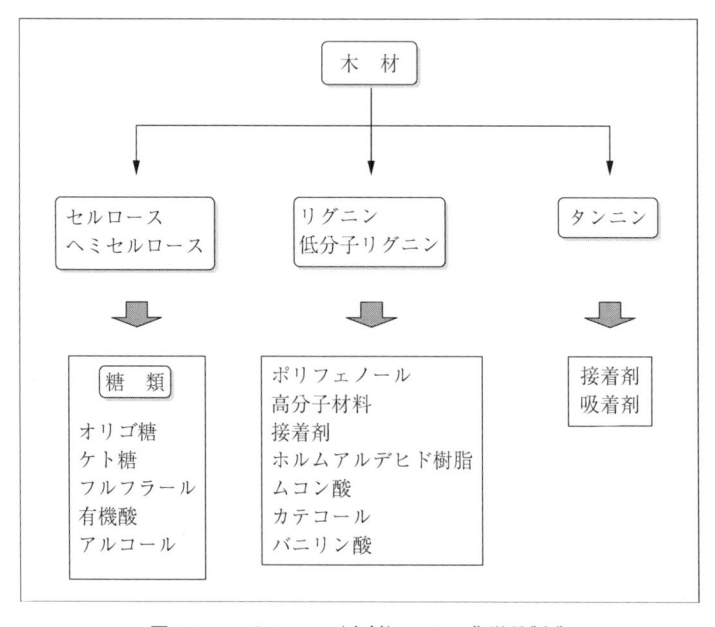

図 2.2 バイオマス（木材）からの化学品製造

また，**リグニン**の用途としては，セメント混和剤，皮なめし剤，石油ボーリング剤などが主であるが，わが国でもクラフトパルプの生産段階で生じる黒液が乾燥重量にして年間約 1 400 万トン発生し，エネルギー源として利用されている．しかしながら，副生するリグニンの量の数 % 程度しか利用されず残りは焼却されているのが現状である．今後その再利用も考慮されるべきである．

2.2.4 生物廃棄物系バイオマス

廃棄物系バイオマスは，生活排水汚泥や農林・畜産副産物をはじめ食品産業廃棄物など多岐にわたっているが，どれくらいの量が廃棄物系バイオマスとして発生しているのか正確に把握できないのが現状である．特に，生物系廃棄物では，水分含量が季節ごとに変動することが特徴であり，発生量の多い家畜糞尿や下水汚泥をどのように有効に利用するのかが大きな課題の一つである．農林・畜産廃棄物であるわら類（94 %），畜産物残渣（>99 %），樹皮（74 %），おがくず（>99 %）などの再利用率は高いが，生ゴミや廃材（37 %）などは発生量が多いにもかかわらず，再利用率はかなり低いのが現状である．さらに，家畜排泄物などは約 80 % が利用されているが，その大半は肥料としての利用である．そして，食品廃棄物などの生ゴミはほとんどが焼却されており，飼料や肥料としての再利用率は 10 % 程度であると推計されている．ただし，廃食用油などでは，**廃棄物系バイオマス**として期待できるものも数多く存在しており，持続可能な発展のためには大切な資源である．

木質系廃棄物は，ほぼエネルギーとして再生利用されているが，間伐材などを含む林地残材や建設発生木材（製紙原料，ボード原料，家畜の敷きわら，エネルギー等に再利用）などは約 60 % が未利用である．稲わらやもみ殻なども 30 % 程度が堆肥，飼料，畜舎敷料等として利用されているにすぎない．

2.2.5 これからバイオマスに期待するもの

わが国でも，農林水産省が他省庁と連携して，バイオマスの利用・活用をめざす「バイオマス・ニッポン総合戦略」を打ち出している．この戦略では，こ

34   2. グリーンケミストリー

れまでの石油や石炭などの化石資源に代わり，油脂や木材といった農林水産資源を使い発電や製品開発をめざしている．

2.2.6 バイオマス発電・熱利用

植物類はさまざまな原料として利用されているおり，木質系廃棄物はエネルギー源として重要なものとなっている．バイオマスを燃焼させ熱源として利用するときには二酸化炭素が排出されるが，排出された二酸化炭素は太陽エネルギーを利用した植物の光合成により有機体へと変換され**バイオマスサイクル**が構築されている．バイオマスの燃焼を応用したものとして**図 2.3** に示したような**バイオマス発電**をあげることができる．現時点では，バイオマス廃棄物や生活廃棄物を利用した発電にとどまっているが，将来的にわが国の電力不足を補うための重要な方式になると考えられている．

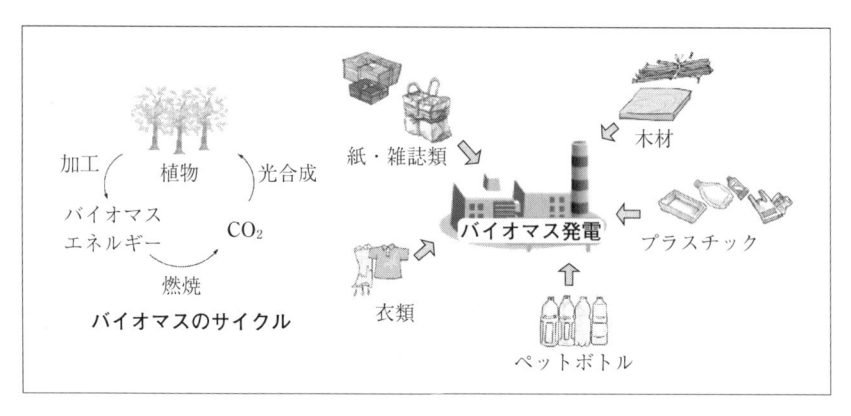

図 2.3 バイオマス発電

2.2.7 エコタウン

全国各地で**図 2.4** に示したような**エコタウン運動**が活発化してきている．その中でも食品廃棄物を発酵させて**メタンガス**を取り出すプラントが稼働しはじめている．1 トンの生ゴミからメタンと二酸化炭素を 6 対 4 の割合で含んだガス 160 m³ を発生させ，約 180 kW/時の電力をつくり出すことができるように

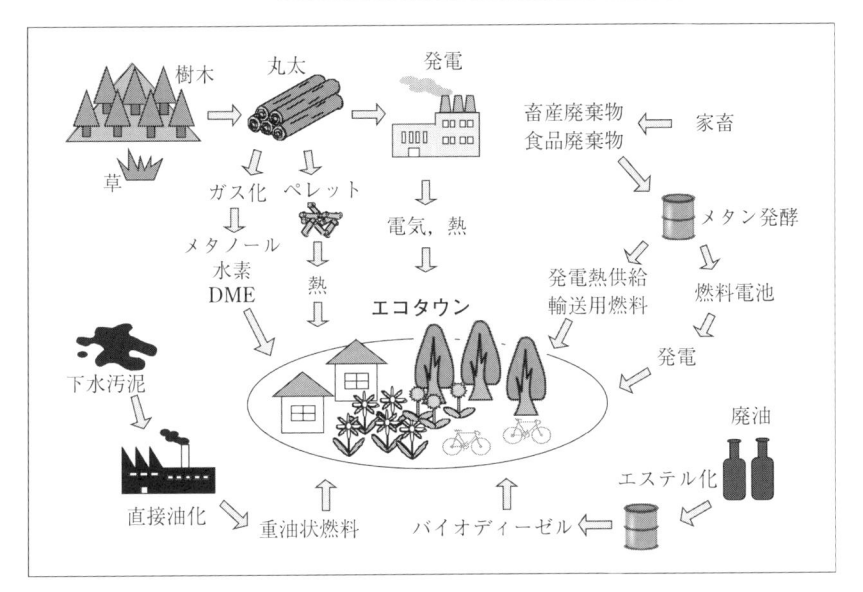

図 2.4 バイオエネルギーを利用したエコタウンのイメージ

なってきた。

2.3 グリーンケミストリーを考慮した製品

新しい概念として，グリーンケミストリーに立脚した製品を生産することが望まれはじめており，この考え方に沿った製品が数多く開発されている。

2.3.1 生分解性ポリマー

生分解性ポリマーという言葉はすでに多くの人々に理解されているのではないだろうか。

これまでに種々の生分解性ポリマーが開発されスクリーニングされてきたが，原料，製造コスト，物性等で汎用のポリマーの代替が可能なのは，ポリ乳酸（PLLA），ポリ-3-ヒドロキシ酪酸（PHB）とポリコハク酸ブチレン（PBS）などであり，このほかとしてはポリ-3-ヒドロキシ酪酸と β-ヒドロキ

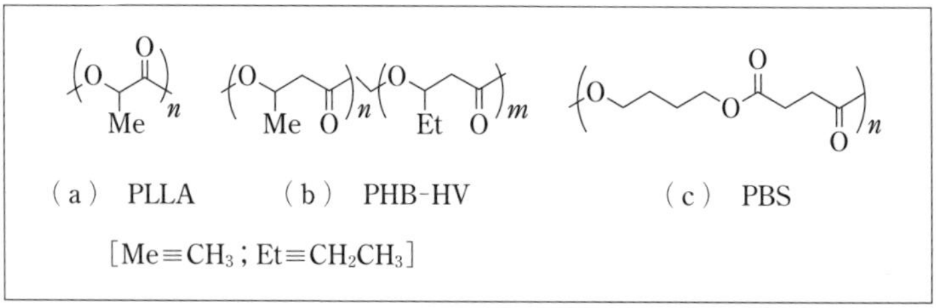

36   2. グリーンケミストリー

(a) PLLA　(b) PHB-HV　(c) PBS

[Me≡CH$_3$; Et≡CH$_2$CH$_3$]

図2.5　生分解性ポリマーの構造

シ吉草酸との共重合体（PHB-HV）をはじめとする脂肪族ポリエステルである（図2.5）。

生分解性ポリマーという定義のとおり，堆肥中で微生物により分解が促進されるわけだが，微生物の分布が一定していない土中や海水中での挙動が予見することは難しく実用化が足踏みしていた。しかし，最近ではCargill-Dow社が2010年を目処として**バイオマス**を原料とする**ポリ乳酸**の実用化へのステップを踏み出した。これによって，わが国でもポリ乳酸のビニールハウスや農業用用途としての普及が急がれるが，わが国の耕地面積を考慮するとバイオマス資源に関しては難題が数多く存在しているのが現状ではないだろうか。

2.3.2　酵　素　重　合

フランスのパスツール研究所から半世紀以上も前に，**活性汚泥菌**（*Zoogloca ramigera* I-16-M）が菌体内にポリ-3-ヒドロキシ酪酸を蓄積することが報告された（図2.6）。しかし，酵素，酵母，微生物等の機能を活用する生物化学的方法で**高分子化合物**（**バイオポリマー**と称される）をつくることができるようになってきたのはごく最近である。

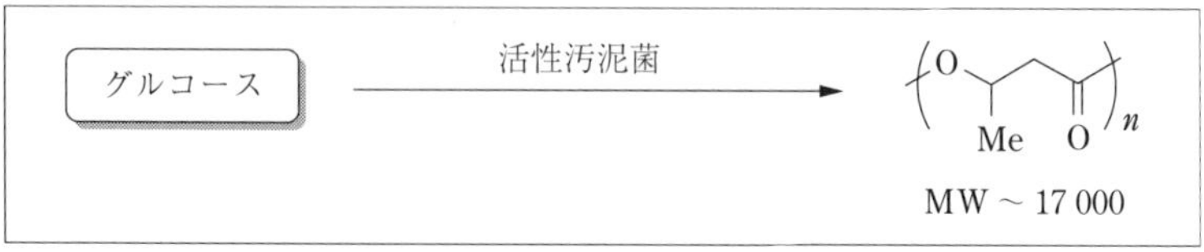

図2.6　バイオポリマー

2.3 グリーンケミストリーを考慮した製品

この重合法は，化学法と比較して酵素や菌体の機能を室温で発現させるだけで他のエネルギーを必要としないことが大きな特長である。各種の酵素によって生産される**高分子**の例を表 2.6 に示したが，酵素による高分子合成の利点としてはつぎのようなことがあげられる。

① 酵素反応の特徴である温和な条件下で，立体的，位置的重合反応を高選択的に進行させることが可能である。
② 金属触媒や有機溶剤を使用しないため環境にとって優しい反応系である。
③ 再生資源を利用できる。
④ 生成させた高分子化合物の化学的なリサイクルも利用可能である。

表 2.6　酵素分類と高分子の生産[5]

酵　素	生産される高分子の例
酸化還元酵素	ポリフェノール類，ポリアニリン，ポリビニール
転移酵素	多糖類，環状オリゴ糖
加水分解酵素	多糖類，ポリエステル，ポリアミド，ポリカーボネート
制限酵素	
異性化酵素	
合成酵素	ポリエステル

酵素重合により長い期間にわたって懸案であった合成がスムーズに行えるようになった例として，酵素セルラーゼによるセルロースの合成がある（図 2.7）。

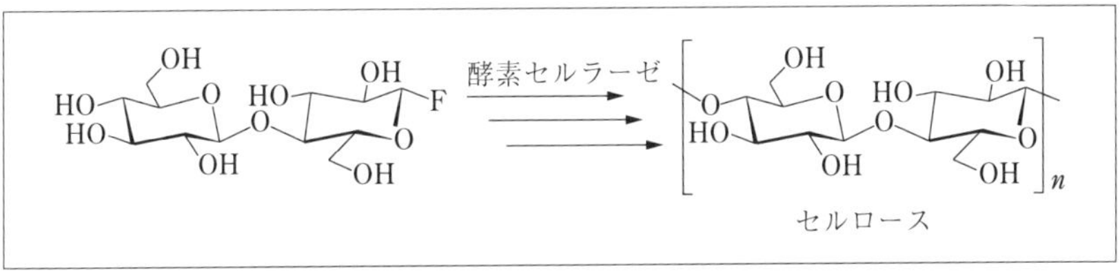

図 2.7　酵素セルラーゼによるセルロースの合成

酸化還元酵素を利用する重合反応としては，ペルオキシダーゼによりフェノールから可溶性のポリフェノールが合成されている（図 2.8）。また，チロシナーゼのモデル錯体を触媒とする酸化重合によりポリ（フェニレンオキシド）が得られることも見いだされており，いずれのポリマーも新規の機能が期待さ

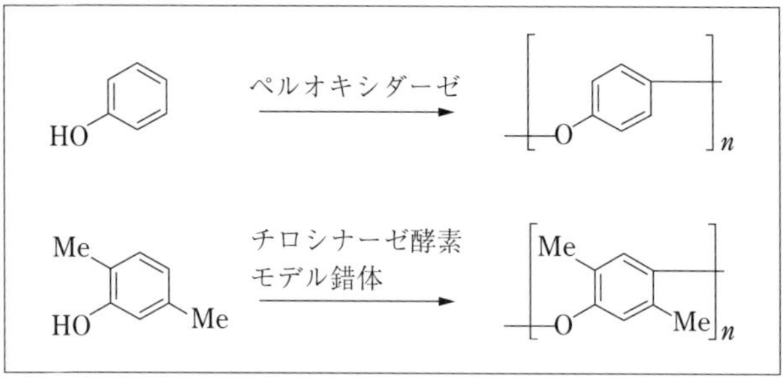

38   2. グリーンケミストリー

図2.8 酵素重合によるポリフェノール

れている。

　ラッカーゼを触媒として利用する人工漆の合成も図2.9に示したように酵素を用いた方法で行われている。酸化反応に利用する酸素は，空気中の酸素を利用し，少量の水の存在下において反応が進行するという環境にやさしい反応である。

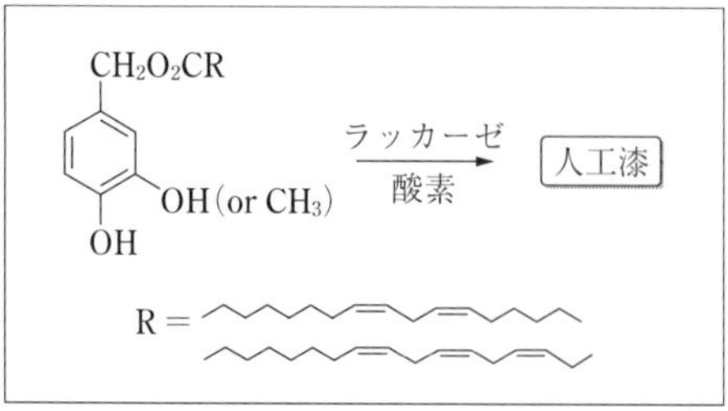

図2.9 酵素を用いた人工漆の合成

　バイオポリメリゼーションの大きな特長として，合成したポリマーが条件によりモノマーに分解することが可能であるという点にある。

　例えば，加水分解酵素はポリエステルを分解してモノマーにするという機能も発現するため不要になったポリエステルを加水分解酵素（リパーゼ）によりモノマーへと変換し，再生資源として利用可能な方法が開発されていたり，ラクトン類の開環反応と重合反応を組み合わせてポリエステルを生産する方法が見いだされている（図2.10）。

図2.10 バイオポリマーのリサイクル

2.3.3 キシリトール

最近虫歯になりにくい甘味料として**キシリトール**が注目されているが，その甘味度は砂糖と同程度と言われ，加えて低カロリー（3 kcal/g）であることが知られている．現在，世界の需要のほとんどをフィンランドのカルター社が供給している．製造法としては，シラカバやトウモロコシの芯などに含まれているキシランを加水分解して**キシロース**を生成させたのち，化学的方法によりキシリトールを得ている（図2.11）．

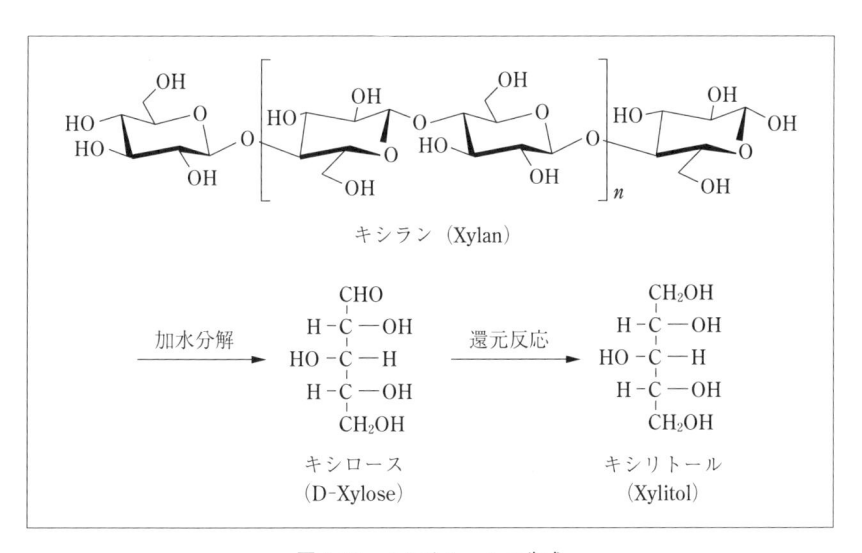

図2.11 キシリトールの生成

2.3.4 γ-オリザノール

フェルラ酸とトリテルペンアルコールのエステルの混合物である**γ-オリザノール**は，ビタミンEと同様の抗酸化力を有し，熱に強く，成長促進作用，**コレステロール低下作用**，紫外線吸収作用などの特長を有している。用途としては，化粧品，健康食品等々に使用されており，米ぬかや米胚芽油から抽出されている。

2.3.5 1,3-ジアシルグリセロール

1,3-ジアシルグリセロールとは，化合物の一般名称で一部販売されているクッキングオイルの主成分であり，市販されている食用油は脂肪酸の**トリグリセライド（トリアシルグリセロール）**である。ジアシルグリセロールは，ほとんど含まれていない。トリグリセライドとジアシルグリセロールは代謝に相異があると言われており，トリグリセライドは体内で分解されて脂肪酸とグリセロ

光環境触媒

・汚染水の無害化

　酸化チタンは，水と酸素の存在下で380 nm以下の波長を持つ光を照射すると水酸化ラジカルやスーパーオキシドアニオンラジカルを生成する。これらのラジカルが，水中の有機物を分解するため汚染水の清浄化を行うことができる。

$$C_nH_mO_xCl_y \xrightarrow[O_2]{h\nu \text{（酸化チタン光触媒）}} nCO_2 + yHCl + wH_2O$$

・窒素酸化物の分解

　シリカやゼオライトに高分散担持した酸化チタンは，光触媒としてNOxの分解に利用することができ，NOx濃度の高いトンネル排気口や高速道路のガード壁などで実用化試験が行われている。

ールになり，小腸で吸収されて肝臓で中性脂肪に再合成される。一方，1,3-ジアシルグリセロールは，再合成される前に燃焼し，中性脂肪として蓄積されないため健康的である。

2.3.6 高度不飽和脂肪酸

高度不飽和脂肪酸には，n-3系列（α-リノレン酸，エイコサペンタエン酸（EPA），ドコサヘキサエン酸（DHA）など）とn-6系列（リノール酸，γ-リノレン酸，アラキドン酸など）の2系列がある。n-3系列は，マグロやカツオの頭部から抽出されるDHAをはじめとして血圧の適正化や動脈硬化，高脂血症予防効果などが期待される。n-6系列のγ-リノレン酸はプロスタグランジンの前駆体であり，抗アレルギー作用，抗炎症・抗腫瘍作用，細胞賦活作用，血行促進作用等が知られており，産生方法としては月見草の種子油からの抽出や糸状菌（微生物）による生産（バイオ法）が知られている。

2.3.7 木質ペレット燃料

木材加工工場から排出される廃棄物である，おが粉や樹皮をペレット状に圧縮，成型した木質系固形燃料が**木質ペレット燃料**であり，いわゆる都市ゴミを圧縮成型した**RDF**（refuse derived fuel）と区別して呼ばれている。薪や炭などの同じ木質燃料と比較してペレット状であるため取り扱いやすさが利点であり，ペレット成型に際して接合剤等の添加物を加える必要がない。さらに，ストーブ，温水ボイラー，吸収式冷温水器に対する適合性も薪やチップと比較して優れており，設備規模との適合性も優れている。

2.3.8 昆虫工場製造のインターフェロン

昆虫がつくり出す物質の生理活性機能や昆虫の代謝機能がわかりはじめ，有用物質を昆虫を用いて特異的に生産することが可能となってきた。昆虫を物質生産工場として利用する産業技術には，どのような利点があるのであろうか。注目されている点は，つぎの2点である。

① 人間と共通の病原体を持たない点

② 特定のえさ（食草）だけを食べ，特定物質のみを生産する点

　養蚕はわが国で生み育てられてきた産業の一つであるが，そのカイコに特定の遺伝子（**バキュロウイルス**）を組み込み，体内で動物用インターフェロンを生産させる研究が始まっている。また，カイコが生産する2種類のタンパク質，繊維になる**フィブロイン**と繭をつくる際に繊維を接着させる**セリシン**が注目されている。フィブロインからは，粉末化したのち金属表面にコーティングした金属製品は金属アレルギーを起こさない製品として，またフィブロインのアミノ酸配列を解明し応用した人工皮膚などにも注目が集まっている。また，セリシンは，肌荒れ防止用化粧品原料や人工臓器用素材として期待されている。

2.4　環境影響評価およびライフサイクルアセスメント

　環境問題は，非常に多様かつ多面的であるため，異なるいくつかの切り口で環境への影響を評価し，総合的に判断することが大事である。さて環境への影響度をどのように評価するのかについては，さまざまな手法が考案されいる。まず物質生産という立場からは，**アトムエコノミー**（atom economy），**原子効率**（atom efficiency）などがあり，切り口を変化させれば**環境影響評価**（環境アセスメント），**リスクアセスメント**，**ライフサイクルアセスメント**などの手法が知られている。

2.4.1　アトムケミストリーの概念

　グリーンケミストリーの評価方法の一つとして**アトムケミストリー**に基づく考え方がある。この考え方は，出発物質中に含有されている原子がどれほど目的生成物中へ移動し含有されているかを評価することにより，グリーン度を評価するという考え方である。この考え方に従えば，反応式をできるだけシンプルにし，目的生成物以外の副生成物を産生しない反応式を開発することが重要な因子である。

2.4 環境影響評価およびライフサイクルアセスメント 43

> 目的物質へどれくらいの原子が利用されているのか
> また，どれくらいの原子が廃棄されているのか
>
> 収率〔％〕＝ $\dfrac{\text{生成物の生成量}}{\text{理論的な生成量}} \times 100$
>
> 原子の有効利用率〔％〕＝ $\dfrac{\text{化学量論反応式における目的物の分子量}}{\text{目的物の分子量＋廃棄物の分子量}} \times 100$
>
> アトムエコノミー〔％〕＝ $\dfrac{\text{目的物に利用された原子の原子量}}{\text{反応系で利用された全原子の原子量}} \times 100$

図 2.12 アトムケミストリーの概念

まず，アトムケミストリーという定義についてその概念を図2.12に示しておきたい。

2.4.2 アトムエコノミー・原子効率

アトムエコノミーの定義は，どれほどの廃棄物が生じているのかを示す値を表しているとも言えるものであり，この値が大きければ大きいほど，廃棄物は少なくなっていることを意味している。計算方法としては，目的とする基質の分子式から計算した分子量を，反応に活用されたすべての基質の分子式から計算した分子量で割り算した値から算出されている。しかしながら，触媒の量比とか収率という考え方は算出式に含まれていないため，どれほど有効に原材料が利用されているのかは，アトムエコノミーは示唆していない。

ここで，例をあげて説明してみたい。まず最初は，図2.13（a）に示したクライゼン転位反応である。反応形式からしても副生成物がまったく生成しない系であり，原料中に含まれているすべての原子が生成物へと移動している系である。

アトムエコノミー的には100％の典型的な反応例であるが，転位反応における反応温度（200 ℃）で使用されるエネルギー量，収率等々がこのとらえ方ではグリーン評価度として考慮されておらず，収率さえも問題にされていないという点においては，合成方法としての評価としては妥当とは言えない。

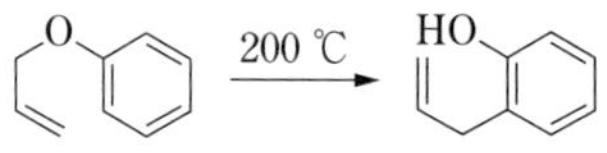

```
                          CH₃CH = CH₂ + H₂
     [structure]  200℃  [structure]      C₃H₆ + H₂
                                         FW  44.096
     C₉H₁₀O            C₉H₁₀O
     FW  134.175       FW  134.175
                                              Ni
                                         ———————→  CH₃CH₂CH₃
        134.175
        ─────── × 100 = 100 %                    C₃H₆ + H₂
        134.175
                                                 FW  44.096

        （a）クライゼン転位反応         （b）プロペンの水素化反応


                                                    ⊕                      加熱
 CH₃CH₂CO₂CH₂CH₃ + CH₃NH₂         CH₃CH₂CH₂N(Me)₂CH₂OH  ————→
  ——→ CH₃CH₂CONHCH₃ + CH₃CH₂OH       FW  119.205

 C₅H₁₀O₂     102.132    C₄H₉NO          CH₃CH = CH₂ + NMe₃ + H₂O
 CH₅N         31.057
 Total                  FW  87.120       FW  42.080
 C₆H₁₅NO₂    133.189

     87.120                                  42.080
    ─────── × 100 = 65.41 %                 ─────── × 100 = 35.30 %
    133.189                                 119.205

   （c）エステルからのアミド生成反応         （d）熱分解反応
```

図2.13　アトムエコノミーの比較例

　同じようにアトムエコノミー100％の反応系としては，図2.13（b）に示したプロペンの水素化反応をあげることができる。この反応では，原料として使用されているプロペンと水素は生成物のプロパン分子へとすべて組み込まれているためアトムエコノミー100％の反応系となっている。しかし，この反応系でも，触媒効率や収率が考慮されておらず物質合成法としての評価をすることは難しい。

　つぎに，アトムエコノミー的に効率が低下する反応の例として，図2.13（c）に示したエステルからのアミド生成反応をあげる。まず，プロパン酸エチルからプロパン酸メチルアミドへの変換反応はごく一般的なアミド合成法であるが，合成目的としているプロパン酸メチルアミドには，原料のプロパン酸

2.4 環境影響評価およびライフサイクルアセスメント

エチルから CH_3CH_2O が取れており，一方の原料であるメチルアミンからは H が一つ外れて，相方ともにこの反応では目的生成物ではないエタノールとして生成系に変換されている。そのため，アトムエコノミーとしては，図 2.13（c）に示したように 65.41 % という低い値となってしまう。また，図 2.13（d）に示した熱分解反応も副生成物が多くアトムエコノミーとしては低い値となってしまう。

視点を変えてみると，合成反応ではしばしば保護基が活用され反応をスムーズに進行促進する役目を果たしているが，保護基は生成物とは何ら関係がなく反応後は系から除去されるべき物質であり，アトムケミストリーの概念からすれば余分な成分と考えられる。このように定義されたアトムケミストリーにはアトムエコノミーやグリーンケミストリー的な考え方は考慮されているがトータルエネルギーの考え方を含めて，つぎのようないくつかの重要な要因が除かれている。

① 反応に必要なトータルエネルギーが考慮されていない。
② 廃棄物の性質（毒性，環境適性）が考慮されていない。
③ 溶媒，触媒，保護基等々が考えられていない。
④ 反応の収率，選択性等々も考慮されていない。

つぎにアトムエコノミーの改善を目的として従来法とはまったく異なる視点から反応系を構築したいくつかの例をあげてみたい。メチル＝メタアクリラートは工業製品として重要なものであり，化学の基幹反応的なものとして硫酸とメタノールを使用して最終的に酸からエステルへの変換反応で合成されてきた。この合成経路はアトムエコノミーが 47 % であった。**図 2.14** に示したようなパラジウム触媒を利用し，一酸化炭素を原料として用いる合成経路のアトムエコノミーは 100 % であり，合成反応の進歩とともに格段の向上が認められる。

医薬品として使用されているイブプロフェンなども初期の合成経路に比較すると，**図 2.15** に示したように格段にアトムエコノミーが向上しているが，この合成経路においても新規の合成法，特に触媒を利用する合成法の開発が大き

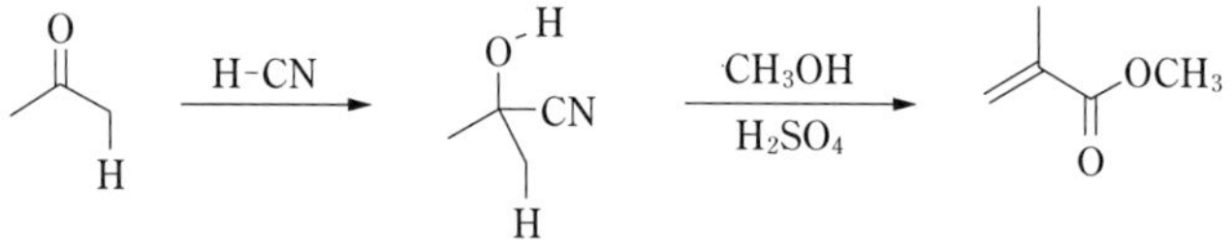

46　2．グリーンケミストリー

（a）改良前（アトムエコノミー：47 %）

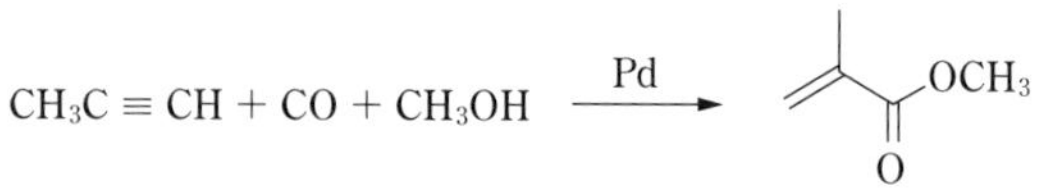

（b）改良後（アトムエコノミー：100 %）

図2.14 アトムエコノミーの改良例（メチル＝メタアクリラート）

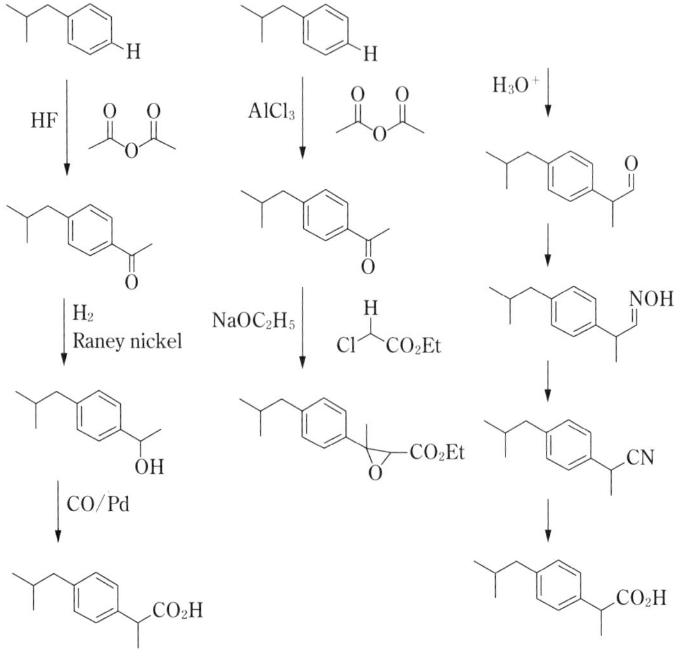

（a）改良前
　　（アトムエコノミー：40 %）

（b）改良後
　　（アトムエコノミー：77 %）

図2.15 アトムエコノミーの改良例（イブプロフェン）

2.4 環境影響評価およびライフサイクルアセスメント

く貢献していることが明らかである。

つぎに，アトムエコノミー的に眺めた合成方法の比較について述べてみたい。一般的なオレフィン合成法である Höner-Wadsworth-Emmons 反応では原系で使用されたリン化合物の大部分が廃棄され，アトムエコノミーは60％と低い値である。単発の反応として眺めれば，最近北爪らにより報告された合成法はアトムエコノミー的には100％であり，収率的にも72％であるのでグリーンケミストリー的な合成方法と言える（図2.16）。

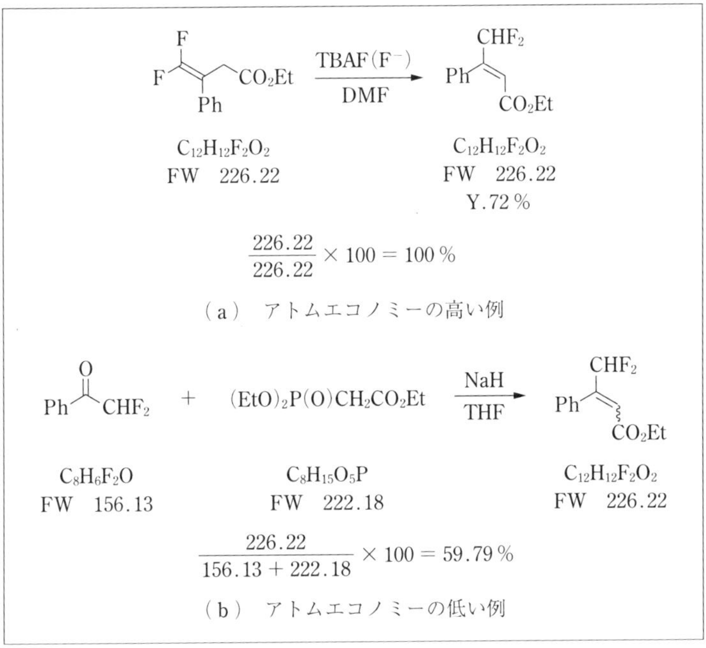

$$\frac{226.22}{226.22} \times 100 = 100\%$$

（a）アトムエコノミーの高い例

$$\frac{226.22}{156.13 + 222.18} \times 100 = 59.79\%$$

（b）アトムエコノミーの低い例

図 2.16 アトムエコノミーのいくつかの例[6]

2.4.3 原 子 効 率

グリーンケミストリーを評価する方法の一つとして，**原子効率**（atom efficiency）という考え方がある。原子効率は，どれほど有効に原子が活用されているのかを示唆する率であると言い換えることができる。計算方法としては，化学量論反応式から生成する目的物質の分子量をこの反応式で生成するす

べての生成物の分子量で割った比率として求めることができる。

図 2.17 に示すように，よく知られたニトロ化反応を例にして説明すると，(a) 従来の混酸（硫酸と硝酸）を用いる反応では中和処理で大量の塩が生成し廃棄されるため，原子効率は 51.5％ である。しかしながら，(b) ルイス酸を用いる新プロセスでは硝酸のみでニトロ化が進行し触媒は回収して再利用でき，副生物が水のみであるため原子効率は 87.2％ まで向上させることができる。図 2.18 に示すもう一つの例として，酸化クロムを用いる酸化反応と触媒

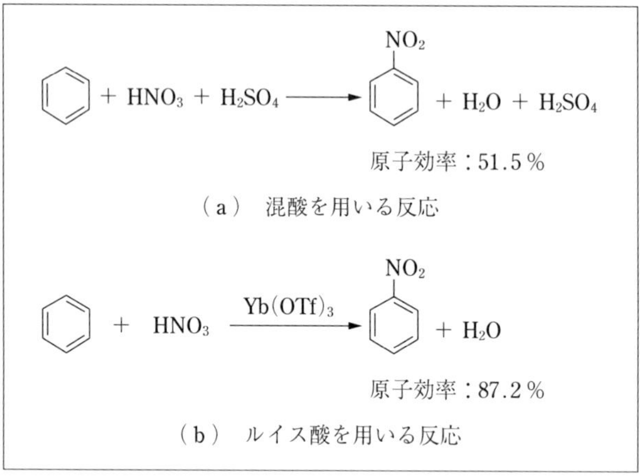

$$\text{C}_6\text{H}_6 + \text{HNO}_3 + \text{H}_2\text{SO}_4 \longrightarrow \text{C}_6\text{H}_5\text{NO}_2 + \text{H}_2\text{O} + \text{H}_2\text{SO}_4$$

原子効率：51.5％

（a） 混酸を用いる反応

$$\text{C}_6\text{H}_6 + \text{HNO}_3 \xrightarrow{\text{Yb(OTf)}_3} \text{C}_6\text{H}_5\text{NO}_2 + \text{H}_2\text{O}$$

原子効率：87.2％

（b） ルイス酸を用いる反応

図 2.17　ニトロ化反応における原子効率の向上

$$3\,\text{PhCH(OH)CH}_3 + 2\,\text{CrO}_3 + 3\,\text{H}_2\text{SO}_4$$
$$\longrightarrow 3\,\text{PhCOCH}_3 + \text{Cr}_2(\text{SO}_4)_3 + 6\,\text{H}_2\text{O}$$

$$\text{原子効率} = \frac{360}{860} = 42\,\%$$

（a） 化学量論的反応

$$\text{PhCH(OH)CH}_3 + \frac{1}{2}\text{O}_2 \xrightarrow{\text{触媒}} \text{PhCOCH}_3 + \text{H}_2\text{O}$$

$$\text{原子効率} = \frac{120}{138} = 87\,\%$$

（b） 触媒反応

図 2.18　触媒反応による原子効率の向上

を利用する反応を比較してみる。（a）化学量論的反応の原子効率は42％であり，（b）触媒反応の原子効率は87％と向上している。この率の向上は，目的物質の生産法として両方法を比較した場合に，（b）のほうが廃棄物が減少していることから容易に理解できるのではないだろうか。

また，**グリーンプロセス**によるナイロン類の合成例では，ニッケル触媒によりブタジエンとシアン化水素からアジポニトリルを合成し，$RuH_2(PPh_3)_4$ 触媒で水と反応させてナイロン-6,6 を高収率（>99％）で得ている。中間体アジポニトリルを部分水素化すれば，ナイロン-6 の前駆体である ε-カプロラクタムを効率よく得ることができ，この両反応式とも副生物はアンモニアである。アンモニアを再使用原料として考えれば，原子効率は100％である。また，考え方を一変してアンモニアを廃棄物と考えても原子効率は87％と高く，環境に優しいグリーン度の高い優れた合成法と言える（**図 2.19**）。

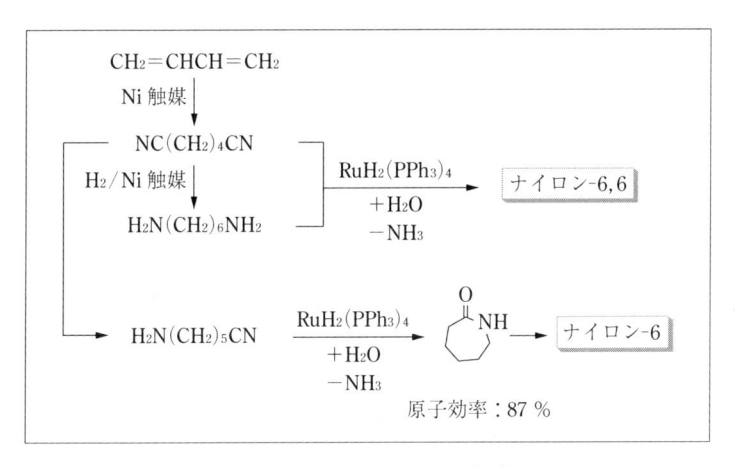

図 2.19 ナイロン-6 の原子効率

2.4.4 環 境 指 数

グリーンサスティナブルケミストリーにおいては，廃棄物の量を減少させることは重要な事柄であり，そのためにいくつかの方法論が考案されている。その一つに，発生する廃棄物の量を数値として表すことが考案され，**環境指数**

(**E factor**）と称されている．環境指数は環境への影響を考慮した指数として，ある物質を生成するためにどれくらいの量の物質が廃棄されているのかを指数として計算したものであり，どれほど有用な物質を生産すると言えどもこの値が大きければ環境を介して生物に対する影響も大きくなることを示唆する値として考えることができる．現時点では，環境指数は，多段階の合成経路が必要となったり，触媒反応より化学量論的な反応形式で物質を製造している大量生産型化成品や，下流のファインケミカル製品や医薬品のような高付加価値製品になるに従い，劇的に増加している．これらの製品群はそれだけ環境に大きな負荷を与えているのが現状であり，**"持続可能な社会"** とは何かを問うための命題としては最適な製品群である．

図 2.20 に示した合成例は，原子効率的にも環境指数的にも優れた合成例である．

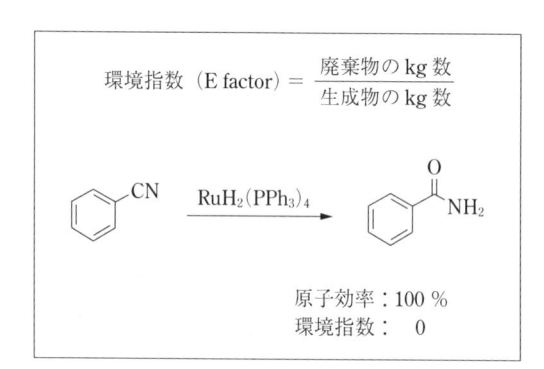

$$環境指数（\text{E factor}）= \frac{廃棄物の\text{kg}数}{生成物の\text{kg}数}$$

原子効率：100 %
環境指数： 0

図 2.20　優れた合成例

ここまで，さまざまなサスティナブルケミストリーの考え方や取組み方について述べてきたが，個々のファクターにとらわれずに総合的に評価することが重要である．

2.4.5　アセスメント

グリーンサスティナブルケミストリーでは，個々の段階よりも総合的な判断が必要であると述べてきたが，**ライフサイクルアセスメント**と**リスクアセスメント**の手法を相補的に適用していくことも必要である．ライフサイクル的概念

によるアプローチには，製品のライフサイクルに沿って，原料の調達，前処理，製造，使用，リサイクルおよび廃棄という一連のサイクルに従って考える必要がある。さらに，副生物や補助資材（装置，触媒，溶剤等）が環境に及ぼす影響をも考慮すべきである。

（1）**ライフサイクルアセスメント**　ライフサイクルアセスメント（**LCA**）の実行手順は，標準資料として ISO 14040 に規定されており，つぎのような段階的手法である。

① 究極的な目的と結果の適用範囲を定義し，システムの境界を規定する必要がある。

② 入出力値の分析が重要である。システム境界内のすべての物質とエネルギーの流れに沿ってのシステム内への入出力値の分析である。特に，忘れてならないものに，製品のみならず，システムの外に放出される物質も考慮されなければならない。

③ **影響相関図**の作製

④ 解釈の段階であり，定義の段階で目的と定めた内容に焦点を合わせて，重み付けをして価値を選択する。

図 2.21 に示した例は，**影響アセスメント**から得られた LCA の典型的な結果としての影響相関図であり，片側の軸には一般的に考えられる影響カテゴリーが，もう一方の軸には，量的表現を単位化した数字によって表現されている。

（2）**リスクアセスメント**　リスクアセスメントでは，地域，大陸，地球規模で化学物質の環境への影響を可能な限り正確に記録し，予測することが重要である。リスクアセスメントの，定義の一つの例を以下にあげておく。

① 化学物質に曝露された結果として引き起こされる，明確に定義された環境への**影響確率**の評価

② 野生生物の個体数や繁殖率の減少などのような負の確率評価。可能性の評価

③ 生物の健康や安全に影響が起こりにくい濃度（**PNEC**）と環境部位での

2. グリーンケミストリー

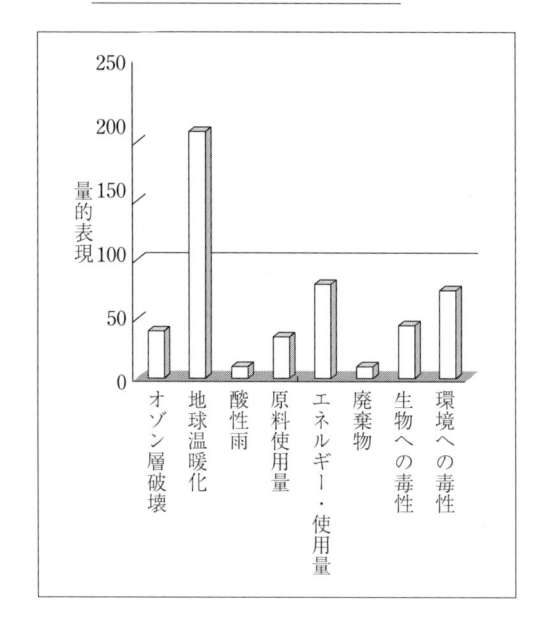

図 2.21 化学製品の影響相関図

濃度の比較

総合的には，ライフサイクルアセスメントとリスクアセスメントを相補的に使用すべきである。両者の統合を可能にするためには，リスクアセスメントを基本にして，**特定化因子（インパクトスコア）** を設定することである。

典型的な特定化因子の設定法（**スコアリング法**）には，つぎのようなステップがある。

① 第一ステップ：さまざまな曝露や影響を共通の基準で定義する
② 第二ステップ：基準を環境へのかかわりに応じて重み付けをする
③ 第三ステップ：スコアを見積もる

3. 労働安全衛生法と作業環境管理

　労働安全衛生法（以下「安衛法」と略記する）の目的の一つは、"職場における労働者の安全と健康を確保する"ことであり、労働者が安全に、かつ健康に就労できるように保護する法律である。本書の読者の大部分であろう大学生の健康と安全は、**学校保健法**に規定されているため、安衛法はなじまないと感じる向きも多いと予想できる。

　しかし、理工系の学部に所属する大学生がキャンパス内で遭遇する不安全要素は非常に多く、実験・研究の環境が安全なものであるかどうかは、大学側の努力だけでなく、学生の知識と意識によって大きく異なる。

　「国立大学」が「国立大学法人」に模様替えしたことに伴い、国立大学法人では教職員の安全はそれまでの人事院規則から労働安全衛生法で規定されることになった。このため、各大学は事業者として労働安全衛生法に沿った大学運営を開始した。同じキャンパスに暮らす教職員と学生は異なる法律の規定で安全と健康の確保を行うことになるが、要は、教職員・学生の両方に健康に仕事や勉学に打ち込める安全な環境を提供するのが大学の責務であることは明らかである。

　また、学生のほとんどが、卒業後製造業等の企業に就職し、労働安全衛生法の下で仕事に従事するようになることを考えると、学生のうちにその概要に関する知識を持っていることは決して損にはならないと考えられる。

　本章では、労働安全衛生法が規定している数多くの要件の中でも、特に、作業者（大学では、教員、研究員、学生）の健康管理に重要な要素である**作業環境**について焦点を絞って解説する。これは、大学で実験者の遭遇する不安全要因のうち、大きなものとして学生実験、卒業研究実験など実験室で遭遇する危害、災害があげられるからである。ただし、本章では化学物質に起因する火災や爆発については取り扱わず、ほかの安全工学に関する専門書に譲ることにする。

3.1 有害な作業環境の種類

3.1.1 作業環境因子

健康にとって有害な作業環境とはどのようなものであるか，すなわち有害要因の取扱いにより，どのような健康障害が起こり，その対象作業はどのようなものであるかの概略を表す**有害要因**と健康障害の例を**表 3.1**に示す。

表 3.1 有害要因と健康障害の例

環　境		有害要因	障害の例
化学的有害環境	室内空気汚染	有害薬品ガス・蒸気 有害粒子状物質	中毒・皮膚疾患 中毒・塵肺
	酸素欠乏	閉鎖環境，窒息性ガス	酸素欠乏症
	接　触	有害薬品（液体・固体）	皮膚疾患・中毒
物理的有害環境	異常な温湿度	高温・低温・高湿度	熱傷・凍傷・熱中症
	異常な気圧	高圧作業・低圧作業	潜水病・高山病
	音　波	大出力可聴域の音・騒音，超音波	聴力障害
	振　動		白ろう病・頸肩腕症候群・胃腸障害
	電磁波	マイクロ波，赤外線，可視光（レーザ光），近紫外線，紫外線，X 線	白内障・体温上昇など（波長によって障害の種類が異なる）
	放射線	γ 線，β 線，α 線，中性子線	各種放射線障害
生物学的有害環境	バイオハザード	細菌，ウイルス，微生物産生毒素	各種感染症，中毒
一般的作業形態	作業時間	長時間・徹夜・不規則作業など	精神的・肉体的な疲労
	作業条件	不自然な姿勢・極端な作業強度など	精神的・肉体的な疲労

健康に影響を及ぼす**作業環境因子**は，化学的因子，物理的因子，生物的因子，社会的因子に大別することができる。ここでは，大学の実験室を想定して化学的因子と物理的因子を中心に取り上げるが，生体への影響を考える場合，有害因子が存在する作業環境で働いている実験者・作業者の作業条件も十分考

慮する必要がある。

　化学的因子としては，室内空気汚染，皮膚への接触，酸素欠乏などが考えられる。

　室内空気汚染は，主として粉塵や有害物質のヒュームなどの微粒子によるものと有害ガスによるものとに分けることができ，呼吸によって人体に取り込まれる。**粒子状物質**や有害ガスは空気中の夾雑物であるから，物理的あるいは化学的に取り除き，空気を浄化することが可能である。

　有害物質（液体・固体・場合によっては蒸気）の皮膚への直接接触による皮膚吸収や皮膚疾患は呼吸には関係なく，皮膚接触が問題となる。

　参考のために，**表 3.2** に有害化合物と健康障害の例をまとめた。

　酸素欠乏は酸素が不足した状態であり，密閉空間で酸素が消費された場合や，窒素やアルゴンのような窒息性ガスが充満した場合を想定すればわかりやすい。この場合，有害微粒子や有害ガスの場合のように有害物のみを取り除くという考え方は成立しない。

　物理的因子として問題になるのは，異常な温度，湿度，気圧，音波，振動，電磁波および放射線などがあげられる。

　音波は，従来，可聴域の音だけが聴力に障害を及ぼす原因とされてきたが，最近では超音波を利用した機器（超音波洗浄機や超音波ホモジナイザなど）が作業現場や実験室に取り入れられたため，超音波域も有害因子と位置付けられている。超音波の影響は難聴という形態とは異なり，耳鳴り，頭痛，吐気が認められる。

　電磁波の中では，主として赤外線，紫外線，X 線などが労働衛生を考えるうえで重要視されてきたが，最近では実験室へのレーザー機器やマイクロウェーブ機器の導入が珍しくないため，これらも有害因子と考えられる。紫外線より短波長領域には，X 線や γ 線があり，健康影響は放射線障害という形であらわれる。

　このほかにも健康に好ましくない影響を与える因子が多数あることは明らかであるが，実験者・作業者の健康を管理しようとする場合や実験者が自らの健

表 3.2 有害化合物と健康障害の例（障害部位別）

臓器等	障害名		原因物質の例
呼吸器	単純窒息性物質		CO_2, メタン, エタン, プロパン, アルゴン, 窒素など
	気管支喘息		トリレンジイソシアナート, コバルト, 有機物粉塵, ジクロロエチルエーテル
	上部気道刺激		アンモニア, SO_2, 酢酸エチル
	肺組織刺激		塩素, 臭素, フッ素, ホスゲン, NO_2, 無水硫酸, カドミウム, 硫酸
	肺水腫		マンガン, ベリリウム, 塩素, 水銀, 臭化メチル
	遅発性肺水腫		NO_2, ホスゲン, カドミウム, ニッケルカルボニル
	肺気腫		カドミウム, アスベスト
神経系	中枢神経障害		マンガン, 水銀, ヒ素, CO, 二硫化炭素, 臭化メチル, 四アルキル鉛, 炭化水素系有機溶剤, ハロゲン化炭化水素系有機溶剤
	末梢神経障害		無機鉛, 三酸化ヒ素, 二硫化炭素, メチル水銀, n-ヘキサン, トリクロロエチレン, アクリルアミド, スチレン
肝臓	肝障害		ハロゲン化炭化水素（クロロホルム, 四塩化炭素など）, PCB, トリクロロエチレン, 塩ビモノマー
腎臓	腎障害		カドミウム, 無機水銀塩, 四塩化炭素, 二硫化炭素
血液	化学的窒息性障害		CO（CO-ヘモグロビン形成）, シアン化水素（呼吸酵素抑制）, 硫化水素（呼吸酵素抑制）
	貧血	造血障害	ベンゼン（骨髄低形成）, 鉛
		溶血性貧血	アルシン
		メトヘモグロビン形成	アニリン, ニトロベンゼン
鼻	鼻中隔穿孔		クロム（6価）, 三酸化ヒ素, アンチモン
骨			カドミウム（イタイイタイ病）, 無機フッ化物（骨硬化症）, 水銀（指端骨融解症）
口腔			鉱酸（歯牙酸蝕症）, フッ素イオン（斑状歯）, 水銀（歯肉炎・口内炎, 水銀緑）

注：このほかにも皮膚障害やがん・腫瘍などのさまざまな健康障害もあるが，この表では割愛した。

康を保持しようとする場合，この程度の環境因子について把握していることは非常に重要である。

3.1.2 有害物の取扱いから健康障害発現に至る経路

有害物の取扱いが健康障害をもたらす過程を考える場合，管理の対象とそれぞれの過程で取り得る障害防止のための措置とを関連させながら考えると**表3.3**のようになる。

有害物の取扱いでまず問題になるのは有害物の使用量であり，有害物の使用量が多くなるほど有害物の発生量は多くなる。有害物の発生量が多ければ，作業場の空気中の有害物濃度は高くなり，作業者への**曝露濃度**は高くなる。その結果，作業者の体内に取り込まれる有害物の量は多くなる。このようにいくつかの段階を経て最終的に身体に取り込まれた有害物の量に応じて健康への影響・障害の程度が決まってくる。健康への影響・障害を防止するには，この経路の最初の，あるいは途中の段階からつぎの段階への進行を断ち切る必要がある。

3.2 管理濃度

労働衛生の分野には，有害物の濃度に関する基準として許容濃度で表されるような**曝露限界値**がある。曝露限界値は個々の労働者の曝露濃度に対応するものである。ところが，労働安全衛生法第 65 条に規定されている**作業環境測定**から得られる結果は環境空気中の濃度であるから，曝露限界と作業環境測定の結果をそのまま比較することはできない。このため作業環境を管理するために，行政的規制濃度として曝露限界値とは別に**管理濃度**の概念が導入されている。

"作業環境評価基準の適用について"（昭和 63 年 9 月 16 日付け基発第 605 号通達）では，「管理濃度とは，作業環境管理を進める過程で，有害物質に関する作業環境の状態を評価するために，作業環境測定基準に従って単位作業場所について実施した測定結果から，当該単位作業場所の作業環境管理の良否を判断する際の管理区分を決定するための指標である」と定義している。この定義から明らかなように管理濃度は，作業場・実験室における環境空気中の有害物

3. 労働安全衛生法と作業環境管理

表 3.3 有害物質を取り扱う場合の管理対象と健康障害の防止措置

管理様式	管理対象	対策・施策	目的	管理の基礎となる測定値等	判断基準
作業環境管理	有害物質使用量	・使用物質の変更 ・使用条件、使用方法の変更 ・プロセスの変更 ・使用量の削減	気中への発散抑制		
作業環境管理	有害物の気中への発散量	・遠隔操作、自動化の採用 ・密閉システムの採用	隔離	環境気中濃度	管理濃度
作業環境管理	環境気中濃度	・局所排気 ・全体換気	除去・希釈	環境気中濃度	管理濃度
作業管理	呼吸域濃度	・作業位置、姿勢、作業方法の見直し	曝露抑制	曝露量	曝露限界 (許容濃度) (TLV)
作業管理	曝露量	・作業時間の見直し ・呼吸用保護具使用	曝露抑制	曝露量	曝露限界 (許容濃度) (TLV)
作業管理	体内への侵入	・作業禁止措置 ・保健指導	体内への侵入抑制	生物学的モニタリング	BEI
健康管理	健康障害前段階	・休養、治療	健康障害への予防措置	健康診断	診断項目ごとの正常範囲
健康管理	健康障害	・休養、治療	治療	健康診断	診断項目ごとの正常範囲

下方に向かって厳しい管理が必要な状態になる →

質濃度を作業場全体として規制することを目的として，作業環境測定結果から作業環境管理状態の良否を判断する際の基本になる数値として，曝露限界や管理の技術的可能性等を考慮して行政府が定めるものである。つまり，個々の労働者の曝露濃度との対比を前提として設定されている曝露限界と混同してはならない。

管理濃度と曝露限界の概念とは，いくつかの点で異なっているが，特に管理濃度には時間の概念が入っていないという点に注意が必要である。

3.3　曝露の形態と健康障害の起こり方

有害物質に曝露される形態は，作業（実験）工程，作業（実験）の仕方などによって異なり，有害物質の濃度レベルから大別すると**高濃度曝露**と**低濃度曝露**に分けられる。

高濃度曝露の原因には二つの場合が考えられる。一つは，日常の作業により定常的に高濃度に曝露される場合，すなわち，有害物質の発生量が多く，作業場・実験室の空気中有害物質の濃度が高くなるような作業や実験であって，このような場合には作業環境管理が重要である。

もう一つは，日常の作業に付随する臨時的な作業や実験によって発生する場合と予測しない状況が発生したために起こる場合である。前者は実験室でさまざまな有害物を用いる場合や，槽などの清掃や点検，修理作業などであり，後者は事故や装置の誤操作などが考えられる。また，電離放射線やレーザー光線などの不意な放射によって高い曝露を受けることもある。このように日常的でない作業により，作業者・実験者が高濃度曝露を受け健康障害を起こすことがある。このような事故的災害の予防には，日常の作業を対象とした環境監視を行っても役立たないので，発生する健康障害を予防するためには作業環境管理とは異なった視点からの対応が必要になる。

このため，日常の業務（実験等）で使用されている装置の構造，操作法や有害物質に関する安全・衛生教育ならびに啓発などが重要になる。

上述のような高濃度曝露の作業形態では，体内に取り込まれる有害物質の量も多く，曝露された有害物質の性質により特異的な健康障害が局所的，場合によっては全身的に起こる。

低濃度曝露については，日常の業務に作業方法の変更などがない限り，作業者は毎日同じような作業（実験）を行っている作業形態の場合，発散した有害物質の濃度が低くても，長時間にわたって曝露されることにより健康障害を起こすことがあり得る。

低濃度曝露による健康障害の場合には，必ずしもその有害物質に特異な症状を現すとは限らず，臓器の代謝機能に関する酵素系の異常などのかたちで現れることが多い。したがって，身体的症状としてみられるものは，職業性でない一般的な疾病にみられる症状や臓器の代謝異常などとの判別が困難な場合もある。特に，最近にわかに注目を集めている**アスベスト**との接触に由来する悪性中皮腫は，原因となるアスベストに曝露されてから10年，20年という長時間の潜伏期間を経て発生するので，継続的な監視が重要である。

このような低濃度曝露の作業形態では，作業者が働く作業場がどのような状態にあるかを監視（モニタリング）し，確認する必要がある。モニタリングの方法としては3種類の方法がある。すなわち，① 環境状態，② 曝露状態，③ 健康状態のモニタリングである。これらのモニタリングを実施し，管理のための基準に適合しているか否かを継続的に確認することが健康障害予防のために必要である。

3.4 作業環境管理と作業環境測定

3.4.1 作業環境管理

作業環境管理とは，有害要因を工学的対策によって作業環境から除去し，良好な（不安全要因が少ない）作業環境を維持するために行う対策である。

初期の作業環境管理は，健康診断で異常が発見されてから環境改善を行うという方法で行われてきた。しかし，現在では，事後対策ではなく，起こり得る

災害を予測して行う事前対策を重視している。すなわち，健康診断で明確な異常が発見されない場合でも，環境の影響で将来発生し得る健康障害に備えて環境の改善を進める方法である。特に，この目的のためには，作業者の有害要因への曝露量の低減が重要になる。

作業環境管理の手法は以下の流れに従う。

① 原材料や設備，作業方法などの環境の状態を測定し，評価する。
　　　↓
② 評価結果をもとに管理水準の向上を図る。
　　　↓
③ 有害因子のレベルが異常域あるいは危険域になくてもより良好な環境を形成する努力を行う。

3.4.2 作業環境測定

作業環境測定の種類には，以下のような測定がある。

① 作業環境の有害要因を設定水準以下に抑制するために定期的に実施する測定
② 新しい機器や設備，新たな原材料や作業（実験）方法などを導入したときに実施する測定
③ 健康診断（一般定期健康診断や特別健康診断）の結果から，作業環境の現状や作業従事者（実験者）の有害要因への曝露量を見直すことが必要と判断された場合に行う測定
④ 立入り禁止区域を設定する場合など，危険を防止する措置を実施する前に行う測定

測定の対象として，安衛法では，外部放射線による曝露量の測定を除いて，事業者が作業環境気中濃度の測定を行うことが義務付けられている。欧米各国の多くでは，作業者個人の曝露量を測定の対象としているのと対照的である。わが国で個人の曝露量を対象としないのは，主として経済性と効率性を重視した結果と考えられる。

さて、作業環境測定を行って作業環境管理をすべき対象場所はどんな作業場所を指しているのであろうか。安衛法65条（同施行令21条）に作業環境測定を実施すべき10種類の作業場が指定されており、事業者は規定されている期間内に作業環境測定を実施しなければならない（**表3.4**）。

表3.4 作業環境測定を実施すべき作業場

	作業場	実施間隔	適用省令等
①	土石、岩石、鉱物、金属または炭素の粉塵を著しく発散する屋内作業場で、厚生労働省令で定めるもの	6か月	粉塵障害防止規則25条, 26条
②	暑熱、寒冷または多湿の屋内作業場で、厚生労働省令で定めるもの	0.5か月	安衛則*第587条, 607条
③	著しい騒音を発する屋内作業場で、厚生労働省令で定めるもの	6か月	安衛則*第588条, 590条, 591条
④	坑内の作業場で、厚生労働省令で定めるもの	CO_2について1か月 その他0.5か月	安衛則*第589条, 592条, 603条, 612条
⑤	中央管理方式の空気調和設備を設けている建築物で、事務所の用に供されているもの	2か月	事務所衛生基準規則第7条
⑥	放射線業務を行う作業場で、厚生労働省令で定めるもの	1か月	電離放射線障害防止規則第53条, 54条, 55条
⑦	特定化学物質等を製造、もしくは取り扱う屋内作業場	6か月	特定化学物質等障害予防規則36条
⑧	鉛業務を行う屋内作業場	1年	鉛中毒予防規則52条
⑨	酸素欠乏危険場所	作業開始前	酸素欠乏等防止規則
⑩	有機溶剤を製造、または取り扱う業務で、厚生労働省令で定めるものを行う屋内作業場	6か月	有機溶剤中毒予防規則第28条

＊ 労働安全衛生規則

この表中の指定作業場のうち、大学で該当するのは、放射線、特定化学物質や有機溶剤を取り扱う研究室や実験室（⑥と⑦と⑩に該当）が主であると考えられる。

3.4.3 測定の方法

空気中の気体成分やヒュームなどの濃度は、時間とともに大きく変動する。

また，空間的にも変動が大きく，例えば，気体発生源の近傍では高濃度でも，少し離れると低濃度になったり，**検出限界**以下になったりもする。しかし，それらの分布は対数正規分布になることが明らかになっているため，**単位作業場所**（作業環境測定のために必要な設定区域）で無作為に選定した測定点の気中有害物質の濃度を測定する。測定値の対数から単位作業場所全体の環境状態を推測する。

3.4.4 測定の手順

標準的には以下の①～③の順で実施するが，2回目以降測定内容の追加や方法の改善がなければ，②と③を実施する。
① 単位作業場所・測定日・測定条件・測定点・測定項目・手順の設定
② 測定の実施
③ 管理区分の決定

3.4.5 A測定とB測定

単位作業場所全体の有害物質濃度の平均的な分布を知る目的で行う測定を**A測定**と呼ぶ。また，作業が有害物質の発生源のごく近傍で行われている場合（例えば，有機合成の実験でエーテルなどの有機溶媒を用いて抽出作業を行う場合などが該当する），A測定の測定結果のみでは作業環境の有害性を把握できない場合がある。この場合には，単位作業場所の有害物質発散源近傍の作業位置の最高濃度を測定する。この測定を**B測定**と呼ぶ。

これらの測定は1日だけ行う場合と連続する作業日2日に行う場合がある。当然のことながら連続する作業日2日で測定したほうが望ましく，1日のみの場合には厳しい評価にかたよりがちである。

これらの測定値を用いて評価を行うことになるが，A測定の結果のみで評価する場合と，A測定とB測定の両方の結果を用いて評価を行う場合がある。

3.4.6 管 理 区 分

作業場所の気中有害物質が決められた**管理濃度**[†]を超えたか, 超えないかによって**表3.5**のような三つの**管理区分**に分けられ, 講じなければならない措置のレベルが決定される。

表3.5 管理区分と措置（屋内作業場所）

管理区分	作業場所の状態	措 置
第1管理区分	単位作業場所の95％以上の場所で気中有害物質の濃度が管理濃度を超えない状態	現状の管理レベルを維持する
第2管理区分	単位作業場所の気中有害物質の濃度の平均が管理濃度を超えない状態	① 現状の施設・設備・作業方法などの点検・見直しを行う。 ② その結果に基づいて作業環境改善のために必要な対策を実施する。
第3管理区分	単位作業場所の気中有害物質の濃度の平均が管理濃度を超えている状態	① 現状の施設・設備・作業方法などの点検・見直しを行う。 ② その結果に基づいて作業環境改善のために必要な対策を実施する。 ③ 有効な呼吸用保護具の使用を義務付ける。 ④ 産業医などが必要と判断した場合には緊急の健康診断を実施する。 ⑤ そのほか, 作業者の健康保持に必要な措置を行う。

＊ 屋外作業でも作業環境管理は重要であるため, 別途「屋外作業等における作業環境管理に関するガイドライン（平成17年3月31日）」が定められている。

3.4.7 作業環境測定結果の評価

（1） A測定のみを実施した場合　　以下に示した**第1評価値・第2評価値**と管理濃度とを比較して第1～3管理区分のどれに該当するか決定する（**表3.6**）。

表3.6 A測定値と管理区分

管理区分	評価値と管理濃度の比較
第1管理区分	第1評価値＜管理濃度
第2管理区分	第2評価値≦管理濃度≦第1評価値
第3管理区分	第2評価値＞管理濃度

[†] 管理濃度とは, 作業環境測定を実施する際に作業環境管理の良否を判断するための指標で, 有害物質ごとに定められている（3.2節参照）。

- 第1評価値：単位作業場所で想定されるすべての測定点の作業時間内の気中有害物質濃度の実測値を母集団として描いた分布図の高濃度側から5％（面積）に相当する濃度（推定値）
- 第2評価値：単位作業場所での気中有害物質濃度の算術平均濃度（推定値）

（2）**A測定・B測定の両方を実施した場合**　以下に示す**表3.7**にしたがって第1～3管理区分を決定する。

表3.7　A測定値・B測定値と管理区分

		B測定と管理濃度の比較		
		管理濃度＞B測定値	管理濃度≦B測定値≦管理濃度×1.5	管理濃度×1.5＜B測定値
A測定と管理濃度の比較	第1評価値＜管理濃度	第1管理区分	第2管理区分	第3管理区分
	第2評価値≦管理濃度≦第1評価値	第2管理区分	第2管理区分	第3管理区分
	第2評価値＞管理濃度	第3管理区分	第3管理区分	第3管理区分

3.5　作業環境の改善

　作業環境測定結果からの評価をもとに作業環境を改善する必要があることは言うまでもないが，事業者はもとより作業者本人も作業環境（大学であれば実験室環境）の改善に不断の努力を惜しんではならない。「安全は努力なしでは維持できない」ことを肝に銘じるべきである。しかし，インフラを整備することによって有害因子との接触を規制すれば安全レベルは大きく向上する。営利企業の場合には，経済性とのバランスを考慮に入れなければならないが，ひとたび災害が発生すれば人的にも経済的にも大きな損失を被ることになる。本節では，有害物質との接触を効果的に抑制するための改善策の例を以下に列挙しておく。

（1）**有害物質の使用を停止する**　原料が有害物質である場合，代替えの原料がないか？　生成物・中間物が有害物質を含む場合，プロセスを見直すことによって有害物質の発生や拡散を抑制する。

(2) 作業場所内への有害物質の拡散を防ぐ

- **グローブボックス**：有害物質の使用を密閉したボックス内に限定し，作業者はその外側から作業することができる。
- **局所排気装置**：大学の実験室で一般に用いられているものは，有害物質が室内に流出することなく，効率よく外部へ排出させることができる**ドラフトチャンバー**と呼ばれる**囲い式フード**であり，適正に運転されていれば実験室内への有害物質の拡散を効果的に抑制できる。

(3) 呼吸用保護具を使用する

呼吸用保護具は，作業環境空気の有害性の程度，作業内容や保護具の着用時間，危険区域の広さと脱出にかかる時間，着用者の年齢や健康状態など，使用環境や使用状況によって適合したものを選び，適正な方法で使用する。保護具を使用しても，完全に有害物質の吸入を防止することはできないので，使用の際には防護率や全漏れ率などを考慮する必要がある。

表3.8 呼吸用保護具の種類

吸気式	送気マスク	ホースマスク	新鮮な空気を危険区域外からホースを通してポンプ送気する
		エアラインマスク	空気ボンベからホースを通して送気する
	自給式呼吸器	ライフゼム（商品名）	・高圧空気容器を背負い，圧縮空気を供給弁を通じて面体内に給気 ・着用者が作業に支障なく行動できる ・使用前に十分訓練を積み，使用法を習得する必要あり
ろ過式	電動ファン付(動力付)呼吸用保護具		作業環境中の粒子物質である粉塵，ヒューム，ミストを電動ファンとフィルタによって除去した清浄空気を，着用者の面体等へ送気する
	動力なし	防塵マスク	・できるだけ吸気・排気抵抗が低く，捕集効率が高いものを選ぶ ・捕集効率の復元性が良いものを選ぶ ・密着性がよく，軽量なものを選ぶ
		防毒マスク	・使用する吸収缶は対象ガスに適合したものを選定する ・吸収缶の性能には使用濃度限界値がある ・湿度が高いと吸収缶の性能は減退する

呼吸用保護具の誤った選定や使用方法は，健康を害したり，生命の危機をもたらす場合もあり得る。前頁表 3.8 に呼吸用保護具の種類をまとめた。

　本章は作業場所の気中有害物質による危害を中心に述べたので，呼吸用保護具に限定したが，皮膚や目への接触を防ぐ保護手袋・保護めがねの使用は有害物質を取り扱う場合には必須であることを忘れてはならない。場合によっては，保護衣類の着用なども考慮する必要がある。また，強烈な騒音による障害を予防する耳栓やイヤーマフ，溶接やレーザー取り扱い時に着用する遮光めがね，高温から身体を保護する防熱面や防熱衣などさまざまな保護具が市販されている。ただし，保護具とは言っても適切な使用が前提であるので，「いつ使用するか」，「使用条件・方法を知っているか」，「保護具のメンテナンスは適正か」などに気を配る必要があることは言うまでもない。

労働安全衛生法（安衛法）はどんな法律？

　安衛法は本章で取り上げた作業環境の維持・向上の観点以外にも労働者の健康と安全を守るために以下のような広範囲の事項を規定している。
1. 安全衛生管理体制（第 10 条～第 19 条）
2. 危害・健康障害の防止（第 22 条～第 32 条）
3. 機械や有害物に関する規制（第 42 条～第 45 条）
4. 安全衛生教育（第 59, 60 条）　　注：大学では，災害防止に有効な手段として学生に対しても実施すべき方法である。
5. 健康管理（第 61 条～79 条）

　関連法令：労働安全衛生規則，事務所衛生基準規則，有機溶剤中毒予防規則，塵肺法，特定化学物質等障害予防規則，高気圧作業安全衛生規則，酸素欠乏症等防止規則，粉塵障害防止規則，電離放射線障害防止規則，鉛中毒予防規則，四アルキル鉛中毒予防規則，作業環境測定法

4. 化学薬品管理

　20世紀型の文明の発達とともに，われわれは非常に豊かで快適な生活を手に入れた。しかし，その結果，大量の物質の生産と消費という環境にとって非常に負荷がかかる事態を引き起こした。すなわち，自然に存在していた物質の量のバランスが崩れることによる影響と，いままで自然には存在しなかった新たな物質を作り出したことによる影響である。環境安全のためにも，われわれは扱うすべての物質に対して，社会全体から個人のレベルまで，注意を払うべき時代となっている。本章では，特に企業や学校などで取り扱う化学薬品の管理について，環境安全の立場から考えていきたい。

4.1 化学薬品とは

　地上のほぼすべての物質は化学物質と呼べるが，その数は膨大なものである。アメリカ化学会のデータベースサービスである CAS (Chemical Abstracts Service) には，2005年の段階で2 500万種以上の化学物質が登録されており，さらに，毎日，3 000件ほどが新規に登録されている。また，そのうちの10万種程度が日常的に生産，使用されているといわれている。これら化学物質の中で，精製され，何らかの目的に利用可能な状態となっているものを薬品と呼ぶ。おもに医療の分野で用いられる医薬品は薬事法により，医薬品，医薬部外品，化粧品などに分類されているが，いわゆる化学薬品（試薬）は医薬用外薬物であり，化学物質の審査及び製造等の規制に関する法律（昭和48年10月16日，法律第117号，第3条）では，「化学的方法による物質の検出若しくは定量，物質の合成の実験又は物質の物理的特性の測定のために使用

される化学物質をいう」と定義されている。

4.2 化学薬品の有害性と環境リスク

4.2.1 環境リスク

環境に対する影響を考えるうえでも重要な事項である，化学薬品の持つ有害性について考えてみよう。水銀やヒ素など，毒物や劇物に指定されている化学物質の有害性は高く，例えば，亜ヒ酸の生体に与える毒性は非常に強い。しかし，近年，ヒ素は高等動物における微量必須元素であることも明らかとなっている。ヒ素は毒性も強いが生体に必要な元素でもあるわけである。一方，塩化ナトリウム（食塩）は生体の維持に重要な働きをする物質であり，常時摂取しているが，あまりに過剰摂取すると生体の維持に支障をきたし，有害とみなされる。以上のように，化学物質は，まったく安全なものと有害なものというように簡単に分類することはできず，ほとんどすべての化学物質は何らかの有害性を有しているといっても過言ではない。つまり，有害性とは，化学物質の持つ固有の性質の一種であり，有害さの程度を示すものである。もちろん，有害性の高い物質は，環境中にごく微量でも存在すれば影響が現れるが，有害性の低い物質でも，多量に存在していたり，長期間その物質に接触する（曝露時間が長い）ことにより，有害性が現れてくる。

そこで，つぎのような式で表される**環境リスク**という概念が生まれてきた。

環境リスク ＝ 有害性 × 曝露量

すなわち，化学薬品が環境や生体に与える影響は，化学薬品の有害性の大きさとその曝露量で決まり，有害性と曝露量の積で表されるというものである。

アメリカ産業衛生専門家会議（American Conference of Governmental Industrial Hygienists, Inc.；**ACGIH**）や日本産業衛生学会において，**作業環境許容濃度**（threshold limit value；**TLV**）が示されている。TLVとは，ほとんどの作業者が連日曝露しても有害性の影響を受けない濃度のことである。作業者が1日8時間，1週間40時間の労働において有害物質に曝露された場

合，その曝露濃度の平均が TLV 以下であれば安全であると判断される。

　化学薬品の曝露量を見積もるためには，環境中における化学薬品の存在濃度や分布を把握していなければならない。そのためにも，われわれが生産し，使用し，そして廃棄した以降も含めて，化学薬品のすべての存在状態を把握しておく必要があり，そのため，薬品の管理は重要な事項である。もちろん，その場所における濃度の測定結果に基づいて化学薬品の存在濃度や分布を算定する方法が確実であるが，環境汚染が発生する前に未然に防止することが重要であるため，モデル計算による予測に基づいて曝露量を評価することも広く行われている。

4.2.2　化学薬品の有害性

　では，化学薬品の有害性にはどのような種類があるだろうか。一般的には，影響が現れるまでの時間に従い，**急性毒性**と**慢性毒性**に分けられる。急性毒性とは，化学薬品の1回の投与または短時間の曝露により，短期間で影響が現れるものを指し，慢性毒性とは，化学薬品の繰返し投与または長時間の曝露により，徐々に影響が現れるものを指す。

　国連が勧告した危険有害性情報提供制度，**化学品の分類および表示に関する世界調和システム**（Globally Harmonized System of Classification and Labelling of Chemicals；**GHS**）に基づく危険有害性の分類における健康有害性は，以下のとおりである。

① 急性毒性
② 皮膚腐食性/刺激性
③ 眼に対する重篤な損傷性/眼刺激性
④ 呼吸器感作性または皮膚感作性
⑤ 生殖細胞変異原性
⑥ 発ガン性
⑦ 生殖毒性
⑧ 特定標的臓器/全身毒性（単回曝露・反復曝露）

⑨ 吸引性呼吸器有害性

毒性を表す指標としては LD_{50}（lethal dose 50 %）や LC_{50}（lethal concentration 50 %）などがある。LD_{50} とは半数致死量のことであり，検体（試験生物）の半数が死亡する投与量を体重1 kg当りに換算した値で表す。LC_{50} とは半数致死濃度のことであり，検体（試験生物）の半数が死亡する濃度（空気中）を1 m³当りに換算した値で表す。

もちろん，化学薬品の有害性は生物の種類によって異なると考えられるので，人への影響を評価するには実際に健康被害が生じた事例を解析して評価することが最も的確である。しかし，被害が発生する前に未然に防止することが重要であることや直接人間に投与して実験することが不可能であることから，動物実験などの結果から人への影響を評価することで対応している。**表4.1**に毒性の強い化合物の LD_{50} と検査動物の例を示した。このように，マウスやモルモットを用いた値を指標とすることが通常である。表4.1よりダイオキシンの毒性は非常に強いことがわかり，環境汚染として大きな問題であることがこの例からも示される。

表4.1 毒性の強い化合物の LD_{50} と検査動物の例

化合物	LD_{50} 〔μg/kg〕	検査動物
ボツリヌストキシン（食中毒毒素）	0.000 03	マウス
パリトキシン（スナギンチャク生産毒）	0.15	マウス
2,3,7,8-TCDD（ダイオキシン）	0.6	モルモット
テトロドトキシン（フグ毒）	8	マウス
サリン	17	ウサギ
シアン化ナトリウム	2 200	ウサギ

4.3　化学薬品の危険性

化学薬品には，有害性とは別に，容易に発火や引火，爆発を起こすような危険性を有しているものが多い。常温，常圧，そして単体の状態では危険性はないと考えられる化学薬品でも，温度や圧力の上昇，水や他の薬品との接触などによって，いくつかの危険性を示すことが通例であるから，有害性と同じく，危険性をまったく持たない化学薬品はないと言える。そのため，取り扱う場合には，有害性と同様に，それぞれの化学薬品の特性，反応性を熟知し，慎重に取り扱うことが求められる。

4.3.1　化学薬品の発火性

化学薬品の発火性についての注意点をあげる。発火性物質は，一般に，発火点が低い物質であるが，外部よりの温度上昇による発火だけでなく，湿気や水に触れて発熱し，発火する自然発火性を有している場合が多い。そのため，水や外気との接触を可能な限り避けて保管することが求められる。このためには，窒素ガス充填などの不活性雰囲気下に密栓し，他の危険薬品とは隔離することが必要となる。例えば，アルカリ金属，過酸化ナトリウム，五酸化リン，発煙硫酸などの禁水性物質は，水と接触させないことが最も重要である。また，逆に，黄リン，還元白金，還元パラジウムなどの自然発火性物質は，水を満たした密栓容器に貯蔵したほうが安全である。一方，金属粉，特に，アルミニウム，マグネシウムなどの微粉末は自然発火しやすいので，大量に空気中に放置せず，必ず，不活性雰囲気下に密栓保管しなければならない。また，二種類以上の薬品が接触して発火する例も多い。例えば，硝酸アンモニウムと有機化合物や塩素酸カリウムと有機化合物などである。これらが接触，発火しないよう，保管には注意しなければならない。

4.3.2 化学薬品の引火性

水素やメタン，アセチレンなどの可燃性ガスに対しては，管理や取扱いに十分な注意が必要であることは言うまでもない。可燃性ガスだけでなく，アルコール，エーテル等の有機溶媒などは，容易に気化し，引火，爆発を引き起こす。またこれらの気体の比重は空気より重い場合が多いため，閉所や低所に溜まりやすく，この点からも管理や取扱いに注意が求められる。

引火性の化学薬品の廃棄にも，同様の注意が必要となる。化学薬品そのものだけでなく，それらが付着した廃棄物も，発火，引火の危険性がない状態で廃棄しなければならない。

4.4 化学薬品の管理や廃棄に関する規制

化学薬品の管理や廃棄には，有害性や危険性の面から，さまざまな法的な規制が存在する。毒物及び劇物取締法，農薬取締法，薬事法，消防法，火薬類取締法，高圧ガス保安法，大気汚染防止法，水質汚濁防止法，海洋汚染防止法，下水道法，廃棄物処理及び清掃に関する法律などである。また，労働安全衛生法や食品衛生法なども関連する場合が多い。

4.4.1 危険性物質に関する規制

危険性に関連する代表的な国内法規を**図 4.1**にまとめた。これらの法規には，その危険度に応じた取扱量や技術的な規制が制定されており，製造所，貯蔵所，取扱所における許認可の申請，種類や量の管理方法とその記録，取扱有資格者の配置，定期点検の実施と報告など，安全に管理するために必要な事項が決められている。

化学薬品の管理や廃棄に関する国内関連法規は多岐に渡っているが，当然のことながら環境基本法に基づき定められた環境基準を満たすよう定められている。**表 4.2**にその１例を示した。技術と産業の進歩により，基準や規制対象の見直しや新規化合物のために新たな規制が盛り込まれることも多い。人工的に

74   4. 化学薬品管理

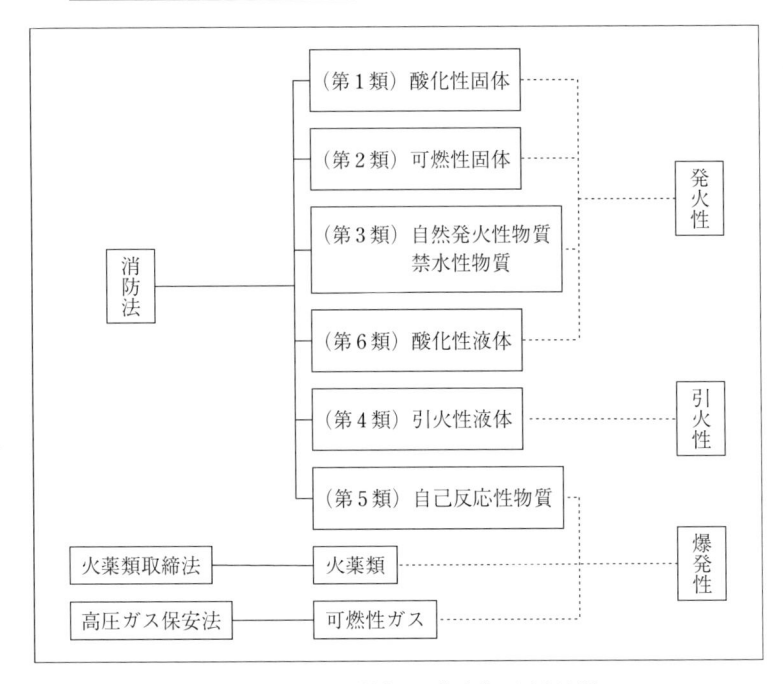

```
                    ┌─(第1類)酸化性固体─────────┐
                    │                          │
                    ├─(第2類)可燃性固体─────────┤ 発
                    │                          │ 火
                    ├─(第3類)自然発火性物質    ├ 性
         ┌消       │      禁水性物質          │
         │防───┤                          │
         │法       ├─(第6類)酸化性液体─────────┘
         │         │
         │         ├─(第4類)引火性液体─────────── 引火性
         │         │
         │         └─(第5類)自己反応性物質──────┐
         │                                        │ 爆
  火薬類取締法──────火薬類──────────────────┤ 発
                                                  │ 性
  高圧ガス保安法────可燃性ガス────────────────┘
```

図4.1　危険性に関連する代表的な国内法規

表4.2　環境基準規制対象物質の例

化審法 第1種特定化学物質	大気環境基準 設定物質	人の健康の保護に関する 水質環境基準設定物質	
DDT	テトラクロロエチレン	アルキル水銀	カドミウム
PCB	トリクロロエチレン	塩化ビニリデン	六価クロム
クロルデン	ジクロロメタン	シアン化物	四塩化炭素
酸化トリブチルスズ	TCDD(ダイオキシン)	ジクロロメタン	1,2-ジクロロエタン
ヘキサクロロベンゼン	ベンゼン	テトラクロロエチレン	トリクロロエタン
ポリ塩化ナフタレン	一酸化炭素	硝酸塩・亜硝酸塩	水銀
アルドリン	二酸化硫黄	セレン	鉛
エンドリン	二酸化窒素	PCB	ヒ素
ディルドリン		フッ素	ベンゼン　など

作り出された化学物質を対象とした「化学物質の審査および製造等の規制に関する法律（化審法）」において指定されている第1種特定化学物質には，表4.2に示した9種類が規定されている。これらは，製造や輸入，使用が一切禁止されている。ただし，この規制は難分解性が第一条件であるため，毒性が強

くとも，微生物による生分解性が少しでも存在すると規制されないということになっており，化審法が制定されてから30年以上経過しているが，この規制の対象外とされた新規化学物質は数千種類に及ぶ．

4.4.2 PRTR

さて，環境汚染が地球規模で問題になってきている現在，化学薬品の管理や廃棄に関する規制も，地球規模で取り組む必要が議論されてきている．**環境汚染物質排出および移動登録**（Pollutant Release and Transfer Register；**PRTR**）は，経済協力開発機構（**OECD**）の勧告に従って，加盟各国が取り組んでいる．有害化学物質の環境への排出量や廃棄物の移動量を取扱者，管理者，事業者が定期的に報告し，公表するという制度である．PRTRは，もともと1992年の**国連環境開発会議**において持続可能な発展を掲げて採択された**アジェンダ21**で位置付けられている．また，環境に対しての国民の知る権利という観点からも取り組まれている．**表4.3**に各国のPRTRに対する取組みについてまとめた．日本は環境中に広く存在すると考えられる第1種指定化学物質として354，それほどは存在していないと考えられる第2種指定化学物質として81の化学物質を指定している．それに対して，アメリカの**TRI**（Toxics

表4.3 各国のPRTRに対する取組み

国　名	名　称	対象物質の種類	把握開始年
日　本	PRTR (Pollutant Release and Transfer Register)	354＋81	2001年
アメリカ	TRI (Toxics Release Inventory)	666	1987年
カナダ	NPRI (National Pollutant Release Inventory)	341	1993年
イギリス	CRI (Chemical Release Inventory)	209	1991年
EU	E-PRTR	91	2007年

* 平成17年度PRTRデータの概要
平成19年2月経済産業省・環境省報告書より

Release Inventory）では，2006年現在，666の化学物質を指定している。また，PRTRでは，対象となる化学物質の譲渡などが合った場合，化学物質の成分や性質，取扱いなどに関する情報を記載した**化学安全データシート**（material safety data sheet；**MSDS**）の提出が義務付けられている。

4.5　化学薬品の保管や廃棄などの管理に関する実際

研究機関や事業所などにおける化学薬品の保管に関して，その具体的な取扱いを以下にまとめた。

① 管理責任者や保管庫などの設備など，管理体制を明確にする。
② 購入，保管する化学薬品の性質，特に危険性や有害性について把握し，その性質に応じて，保管場所を区分する。特に，禁水性物質の保管庫には禁水シールを貼り，明示することが消防法で義務付けられており，毒

毒物・劇物

　日本では，毒物及び劇物取締法において，毒物，劇物，特定毒物がそれぞれ定められている。2006年現在，毒物として，27種類の物質とその物質を含む化合物などに関する76項目が制定されている。また，特定毒物として，9種類の物質とその物質を含む化合物などに関する10項目が制定されている。これらは，シアン化ナトリウム，水銀，ヒ素など，一般的に毒性が高いと知られている物質がほとんどであり，また，ニコチンやアジ化ナトリウムなども毒物として指定されている。一方，劇物の指定はかなり広範囲に渡っており，93種類の物質とその物質を含む化合物などに関する264項目が制定されている。この中には，水酸化ナトリウムやフェノール，メタノールなど，化学を勉強したものにとってはごく一般的な物質が，実は劇物として指定されている。したがって，これらの物質は，法律にしたがって，きちんと保管，管理しなければならないことを，化学物質を取り扱うものは知っておかねばならない。

4.5 化学薬品の保管や廃棄などの管理に関する実際

物および劇物に関しては，**図 4.2** に示したような毒物または劇物シールを保管庫に貼って明示し，施錠することが毒物および劇物取締法によって定められている。

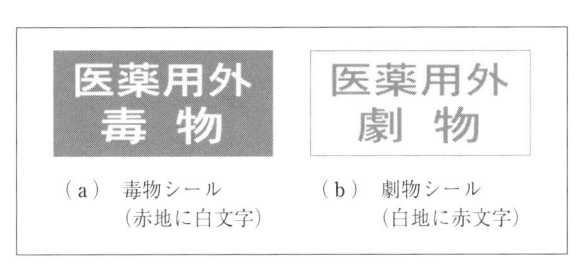

　　（a）　毒物シール　　　　（b）　劇物シール
　　　（赤地に白文字）　　　　（白地に赤文字）

図 4.2　毒物または劇物シール

③ 薬品管理台帳を整備する。薬品管理台帳には，使用の度に，使用年月日，出納者，使用者，数量などを記載する。特に，毒物と劇物については，名称および数量，受領年月日および受領者氏名などを5年間保管しておくことが，毒物および劇物取締法によって定められている。

④ 保管庫には転倒防止などの地震対策を施し，消火器なども配置しておく。

廃棄物は，**図 4.3** に示したような分類がなされ，**一般廃棄物**と**産業廃棄物**とに大別される。一般廃棄物にも家電製品中などに含まれる有害化学物質などの存在で，特別管理一般廃棄物と分類されるものが含まれる。研究機関や事業所などで生じる廃棄物は，産業廃棄物であり，基準以上の有害物質が含まれるものは特別管理産業廃棄物となる。なお，感染性を有する廃棄物に関しては，7

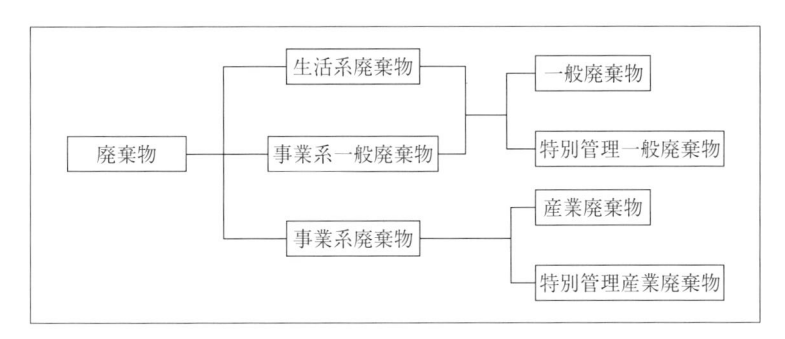

図 4.3　廃棄物の分類

章で説明する。この分類に従って適正に処理が行われるためには，廃棄物に含まれる化学物質を把握しておく必要があり，薬品管理台帳に基づく管理が重要となる。

　廃液は，水質汚濁防止法などにその処理が定められている。処理方法によって，有機系廃液，重金属廃液，酸廃液，アルカリ廃液などに分類されるが，処理施設によっては，さらに細分化される場合もある。また，酸廃液とアルカリ廃液は，混合中和することも可能であるが，発熱には注意を要する。また，過酸化物と有機物など，混合してはいけないものにも注意を要する。廃液を貯留しておく容器はポリエチレン製のタンクが一般的で適しているが，太陽光などでの劣化が生じ，破損が起こる場合があり，長期間の貯留の際には注意を要する。

4.6　安全な化学薬品管理のために

　冒頭に述べたように，化学薬品の中で，危険性や有害性をまったく持たない化学薬品は無いと言える。しかも，その危険性や有害性は，直接取り扱う者にとどまらず，むしろ，広範囲の不特定多数の人々や環境に影響を及ぼす。微量の薬品の無意識的な廃棄など，個々のわずかの不注意が集積されて環境安全を脅かすことのないよう，つねに気を配らなければならない。そのためには，取り扱う化学薬品に関して，その性質や特性，危険性や有害性，取扱い方法など，十分な知識と理解を持っておくことが重要である。

5. 大気・土壌・水環境の汚染

　地球という惑星を宇宙から眺めると，じつに美しい「奇跡の青い星」である。その表面は陸域と水域（海・湖沼・河川），それらを取り巻く大気で構成されている。人類はこの地球表面を生活活動，言い換えれば文明によって汚染し続けてきた。人間の生活活動で発生した**環境汚染物質**や有害物質は，大気-土壌-水域のいずれかに留まったり，移動して人類を含む生物の生存環境に大きな影響を与えてきた。

　本章では，大気-土壌-水域の汚染について概観するが，読者には「生活の質や文明の発展速度を維持したまま地球や地域の環境を維持できるのか？すでに起こった汚染をどのようにしたら改善できるのか？あるいはどうしたら汚染を未然に防げるのか？」といった視点に立って考えてほしい。

5.1 環境汚染

　わが国では，公害の激化に伴って，1967 年に**公害対策基本法**が制定された。その後，地球環境の悪化に焦点が移り，1992 年の**地球サミット**で世界規模の環境理念を取り入れた**リオ宣言**が採択された。翌 1993 年には，公害対策基本法を廃止し，新たに**環境基本法**が制定された。この法律では

① 環境基本計画
② 環境基準（大気，土壌，水質，騒音）
③ 公害防止計画
④ 国が講ずる環境保全の施策等

　各種の規制のほかに，環境影響評価（環境アセスメント）や教育・学習，

80   5. 大気・土壌・水環境の汚染

監視等の体制整備などを規定している。
⑤ 地球環境保全に関する国際協力

などが定められた。

環境汚染とはいっても，汚染の規模によって閉鎖系，地域規模，地球規模に

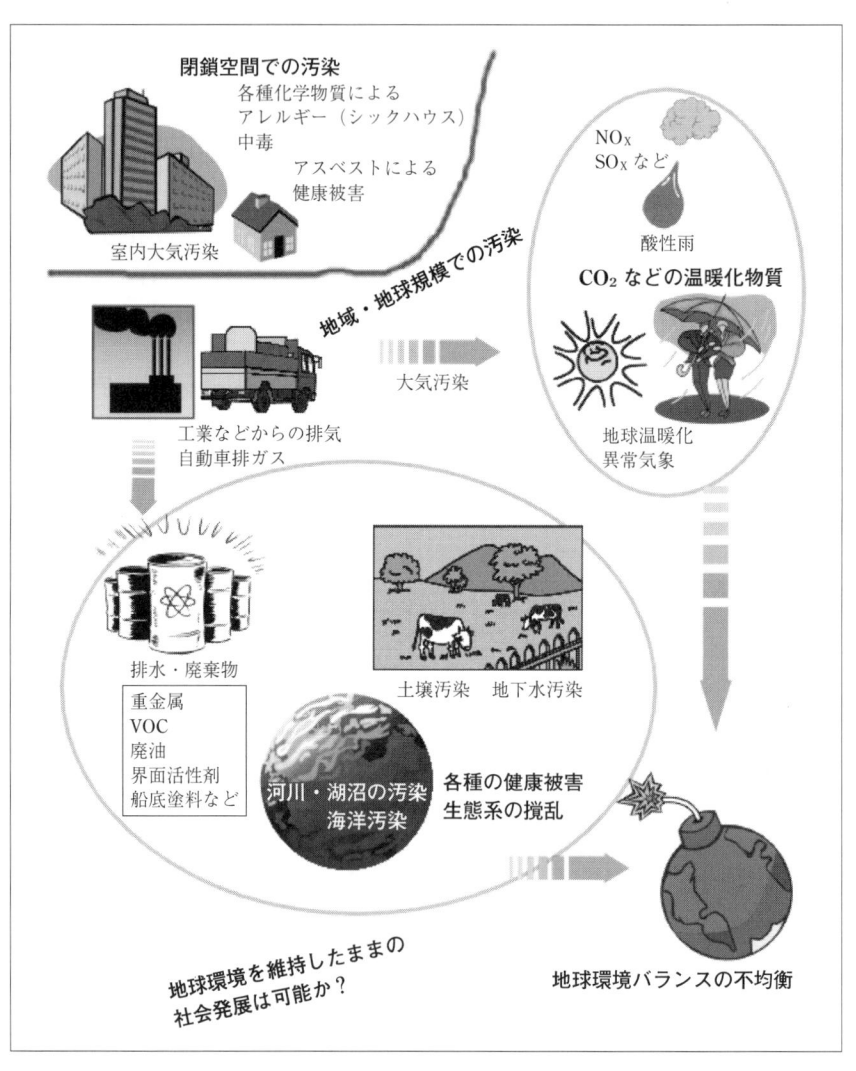

図5.1 大気・土壌・水系の汚染のイメージ

分けられ，汚染原因物質が大気，土壌，水系を相互に移動したりする。前頁図5.1にその様子をイメージとして示した。

5.2 大気汚染

大気汚染は，地球的規模や地域規模で起こり，地球環境や地域環境に重大な影響を与えるものと，屋内などの密閉空間で起こり，主として個人の生活を脅かすものとが考えられる。本節では，主として前者について概観するが，その前に後者，すなわちもっと身近な閉鎖空間の汚染の例を見てみよう。

5.2.1 閉鎖空間の汚染

屋内などの閉鎖空間で起こる汚染として最近注目されているものでは，**シックハウス症候群**，**シックスクール症候群**，喫煙による屋内環境の汚染，暖房による空気汚染などがあげられる。

シックハウス症候群やシックスクール症候群は，特定の化学物質により引き起こされるアレルギー症状であり，過敏に感応する体質を有する人達が激しい症状を起こすことが知られている。一度発症すると完治は困難で，投薬による症状の軽減や感応する化学物質との接触を忌避する対策しかない。そのため，一生影響を受けることとなり，その人の生活を大きく制約することになる。いまだに十分な対策はとられておらず，個人単位または家族単位，大きくても数家族単位での忌避努力は行われているが，自治体，学校，職場単位での取組みはまだ少ないようである。これらの症状を引き起こす原因化学物質は，家具などの接着剤に含まれたり，木材の防虫処理に使用されたりする**ホルムアルデヒド**や，壁などの塗装に使用される塗料に含まれる**有機溶媒**などの成分であることがわかり始めている。

また，喫煙による健康障害，特に**受動喫煙**による健康被害が近年特に注目を集め，生活環境や労働環境での喫煙が禁止されるようになり，喫煙は排気浄化装置のある室内か閉鎖空間とならない場所で行うように制限されるようになっ

た。しかし，この方法も仮の措置であって，排気浄化装置を設置した室内で喫煙するのが望ましい。

より身近な家庭内での汚染源としては暖房器具として使われる石油ストーブがある。石油ストーブの燃焼排気には，自動車の排気ガスに含まれるような**多環縮合芳香族炭化水素**が含まれることが多く，これらの化学物質の中に変異原性や発ガン性を示すものも含まれている。長時間換気もせずに石油ストーブを使用することは，危険な性質を持つ成分を呼吸により体内に取り入れることになるし，微量ながら発生する一酸化炭素も吸入することになる。このような身近にある危険を十分認識して生活をすることで，いたずらに恐怖心を抱かずに危険を上手に避けて生活する方法を考えることが必要である。

5.2.2 地域規模・地球規模の大気汚染

地球的規模，地域規模で起こる大気汚染の原因物質は，火力発電，輸送用車両（ディーゼルエンジン・船舶・自家用車，農業用車両），重化学工業，畜産・農林業など多種多様な産業から放出されている。

硫黄酸化物や**窒素酸化物**による汚染，二酸化炭素などに代表される**温暖化ガス**による**地球温暖化現象**，**特定フロン**による**オゾン層破壊現象**（2章参照），塩素含有物質の燃焼によるダイオキシン類の発生（2章参照）等があげられる。

工業分野の例として発電所をあげると，発展途上国では火力発電所に高価な除害設備を設けられないために，有害成分が除去されないまま排出されることが多く，先進工業国でさえも十分な除害設備が設置されていない例もある。

農林業分野では，熱帯雨林を侵食する焼き畑農業で発生する二酸化炭素や，動植物やその糞尿が生分解されて発生する炭化水素排出も無視できないほど大きい。**生物エアロゾル**（例えば，バクテリアや細胞の破片など）も大気汚染物質となるし，畜産分野からの悪臭物質による大気汚染もあげられる。

わが国では，これらの大気汚染のうち，ばい煙，粉塵，特定物質（28種）および自動車排出ガスを規制対象とする**大気汚染防止法**が制定されている（**表5.1**）。

表 5.1 大気汚染防止法の規制対象物質

規制物質			発生要因	規制基準
ばい煙	硫黄酸化物	SO_x	燃焼	主として排出基準
	ばい塵	ススなど	燃焼等	排出基準
	有害物質	NO_x	燃焼，化合物の合成・分解	主として排出基準
		カドミウム，鉛，フッ化水素，塩素，塩化水素など		排出基準
	特定有害物質	指定なし	燃焼	排出基準
粉塵	一般粉塵	セメント粉，鉄粉など	粉砕，選別，たい積	構造基準，使用基準，管理基準
	特定粉塵	アスベスト	切断，研磨，解体	敷地境界での濃度基準
自動車排出ガス		CO，炭化水素，鉛，NO_x	自動車の運行	許容濃度
特定物質		フェノール，ピリジンなど28種	化合物の合成等の化学処理中の事故	なし

（1）硫黄および窒素酸化物　化石燃料中には，その起源となった生物体に含まれていた元素が含まれている。硫黄はスルフィド，チオフェン類などとして原油に含まれており，石炭には主として単体または硫化鉱物として含まれている。

現代社会の動力・エネルギー源としておもに用いられている化石燃料（石油，石炭など）の中に含まれている硫黄と燃焼時に使用される空気中の窒素が，硫黄酸化物および窒素酸化物†として，浮遊粒子状物質や未燃焼の炭化水素とともに大気中に排出されている。発生源としては，大量に化石燃料を使用する工場（例えば製鉄所）や火力発電所のほか，近年では自動車からの排出も増大している。交通量の多い幹線道路や交差点などでは周辺住民が健康被害を受け，問題視されている。日本国内だけを見ると，近年大気中の二酸化硫黄濃

---

† 大気汚染にかかわる**環境基準**は，二酸化硫黄（1時間値の1日平均値が0.04 ppm以下であり，かつ1時間値が0.1 ppm以下），二酸化窒素（1時間値の1日平均値が0.04 ppmから0.06 ppmのゾーン内またはそれ以下）。そのほかにも，一酸化炭素，浮遊粒子状物質，光化学オキシダント，ベンゼン，トリクロロエチレン，テトラクロロエチレンについて環境基準が設定されている。

度は減少しているが，これは，発電所などの大規模**固定発生源**となる施設に**脱硫装置**を設置してきた効果である。

　アジア地域での硫黄と窒素の排出量は，重量換算で中国は日本の4倍以上を排出しており，韓国や台湾も日本より多く排出している。

　近年では，原油や石炭に含まれる硫黄化合物を分解したり，抽出したりすることで燃料の精製が行われるようになり，硫黄含有率の低い燃料が作られるようになってきている。原油を精製して，ガソリン，軽油，灯油，重油に精製したあと，主として水素を使って硫黄を硫化水素として取り除く技術が確立されており，日本では硫黄による大気汚染は大きく改善され，問題とならない程度までになっている。しかし，窒素酸化物による大気汚染はまだ大きな問題として残っており，これを硫黄酸化物による大気汚染と同程度まで改善するにはまだ時間が必要である。

　空気中でものを燃やして高温を得るときには燃料に窒素が含まれていなくても空気中に含まれる窒素から窒素酸化物が発生する。したがって，窒素酸化物による大気汚染を防止するためには，燃焼ガス中の窒素酸化物を除去する方法をとるしかない。窒素酸化物の発生源は硫黄酸化物の発生源とは異なり，工場，発電所などの**固定発生源**だけでなく，自動車，船舶，飛行機など**移動発生源**もあり，発生する窒素酸化物の全量に対する移動発生源の割合が大きいことが問題点である。

　特に，自動車の占める割合が他の交通機関のものより大きいことが問題視され，最近，自動車の排気ガスに対する規制が厳しくなっていることから，ガソリンを燃料とする自動車の排気ガスについては窒素酸化物のかなり効率の良い除去装置が開発されている。しかし，軽油を燃料とする自動車の排気ガスに有効な除去装置は開発の途上にあり，規制値を満たすだけにとどまっている。

　硫黄酸化物や窒素酸化物は酸性物質であり，**酸性雨，酸性霧**などを引き起こし，樹木の枯死，湖沼の水の酸性化や土壌の酸性化など広範囲にわたる影響を示す。また，自国だけでなく大気の循環に乗って隣国や遠く離れた他国にも影響を与える。したがって，これらの物質の除去技術は，特定の国により独占さ

れる状態では効果が小さいことになる。地球上の中緯度地域では，大気は偏西風として循環，移動しており，日本は中国，韓国の風下に位置している。最近，中国は経済発展が著しく，エネルギー消費が拡大しており，また，モータリゼーションも急速に進み始めている。このため，大量の燃料を必要とするようになっており，硫黄酸化物や窒素酸化物の有効な除去技術がなければ，これらの燃料に含まれる硫黄分や窒素分が硫黄酸化物や窒素酸化物として大気中に排出され，それが偏西風に乗って日本に流れてきて酸性雨として降り注ぐことになる可能性が大きい。日本政府は，最近**ODA**（**政府開発援助**）の中国への供与を見直し，環境対策を重点としたものにすることを考えていると発表している。このことも，上述したことが背景となっている。

（２）　**二酸化炭素**　　エネルギー消費量，すなわち化石燃料の消費量が増加することは**二酸化炭素**の生成量が増加することを意味している。幸い，地球には大規模な森林と大きな海洋が存在し，大気中に放出される二酸化炭素の多くは森林の植物と海洋に吸収され，大気中の二酸化炭素の濃度は二酸化炭素の生成量ほどには大きく変化せずにきた。海洋には二酸化炭素を固定する生物（植物プランクトン，海草類）や二酸化炭素を利用して体の一部とする生物（珊瑚類，貝類）が生息しており，海洋中から二酸化炭素を除く作用を担っている。炭素の自然循環サイクルにより利用，消費される量を超えることがなければ，大気中に放出された二酸化炭素は大気中に蓄積されることはないことになる。

現在，大気中の二酸化炭素の濃度は増加傾向を示しており，炭素の自然循環サイクルで利用，消費される量を超えた量が大気中に放出されているものと考えられる。しかし，二酸化炭素を効率よく人工的に固定する技術はまだ開発されていない。このため，エネルギーの利用形態を化石燃料（石炭，石油）から天然ガスや自然エネルギーへと変えることが考え始められている。

最近，話題となっているものとしては，大陸棚に埋蔵されている**メタンハイドレート**の開発利用がある。日本の近海にも大量のメタンハイドレートが埋蔵されていることがわかり，**石油代替燃料**としての可能性が検討されている。

もう一つの技術は二酸化炭素を液化して深海に貯蔵する考えである。貯蔵さ

れた液化二酸化炭素は徐々に海水に溶解するので海洋の環境には大きな影響を及ぼさないのではないかと考えられている。二酸化炭素は植物の光合成により，炭水化物に変えられることから，人工的に**光合成**反応を行わせる技術も研究されているが，いまのところ有望な方法はまだ見つかっていない。このような考えをまとめてみると，つぎのような方向が検討されていることがわかる。

① 二酸化炭素の生成量が少ないかまったくない燃料またはエネルギーの使用—代替燃料または代替えエネルギー資源の開発
② 二酸化炭素固定技術の開発—深海保存技術の開発
③ 二酸化炭素の有効利用を目標とする技術の開発—利用可能な物質への転換技術の開発

二酸化炭素は地球温暖化の主要な原因物質の一つであるが，二酸化炭素だけが地球温暖化の原因物質ではないことをまず知ってもらいたい。地球温暖化原因物質と考えられる化学物質で，人工的に作られたもの（例えばフロンガス）の多くはすでに使用を制限されたり，禁止されたりしている。しかし，自然界で作られるものはまだ規制がされていない。

例えば，メタンは，**メタン発酵**により天然で作られる物質であり，人間もおならとしてメタンを放出しており，微生物から動物までが放出するメタンの量は正確には把握されていないようであるが，相当量に上るとの試算もある。植物による光合成を利用する方法として，緑化があげられる。特に都市部の緑化を進めることにより大きな効果が期待できるとの試算も行われており，今後の有望な温暖化防止策と考えてよいものと思われる。水田も意外に二酸化炭素の吸収に有効に作用していると言われており，農業が地球温暖化防止に役立つ方法として考えられている。

5.3 土 壌 汚 染

土壌汚染では，大気汚染のように地球規模の被害は起こらない。かなり限定された領域，あるいは地域で起こる。土壌汚染は，工場などの排出源から直接

曝露を受けることによって発生する**一次汚染**と，水質汚染，大気汚染物質が雨水，地下水などによって運ばれ，土壌（粘土鉱物，有機物，微生物など）に取り込まれて発生する**二次汚染**に大別できる。また，汚染された土壌中の有害化学物質が雨水によって運ばれ，河川や他の土壌を汚染する可能性もある。**表5.2**に**環境基準**が定められている土壌汚染原因物質を示した（基準値は割愛した）。

表5.2 環境基準が定められている土壌汚染原因物質

1	カドミウム	10	銅	19	テトラクロロエチレン
2	全シアン	11	ジクロロメタン	20	1,3-ジクロロプロペン
3	有機リン	12	四塩化炭素	21	チウラム
4	鉛	13	1,2-ジクロロエタン	22	シマジン
5	6価クロム	14	1,1-ジクロロエチレン	23	チオベンカルブ
6	ヒ素	15	cis-1,2-ジクロロエチレン	24	ベンゼン
7	総水銀	16	1,1,1-トリクロロエタン	25	セレン
8	アルキル水銀	17	1,1,2-トリクロロエタン		
9	PCB	18	トリクロロエチレン		

* 有機リンとは，パラチオン，メチルパラチオン，メチルジメトンおよびEPN（米デュポン社が開発した殺虫剤）を言う。

一次汚染は

① 自動車排ガスや工場煙突，廃棄物焼却場からの排煙に含まれる重金属含有微粒子の直接堆積

② 産業廃棄物の不法投棄

③ 燃焼灰の埋立て

などによって発生する。

また，一次汚染の一つに，工場の敷地内に放置・廃棄していた化学物質による汚染がある。これは工場や倉庫などの跡地利用のための調査によって発見される例が多い。ニュースで工場跡地の**塩素系有機溶剤（トリクロロエチレン，パークロロエチレン**など），**クロム鉱さい**による汚染が報じられる例はわが国だけにとどまらない。

二次汚染には

① 地下水および河川水，雨水によって運搬されてきた物質によるもの

② 大気によって国内外から運ばれてきた物質によるもの

がある。

二次汚染の典型的な例として，最近しばしば報告されるゴルフ場農薬や都市ごみ焼却炉からの**ダイオキシン**[†1]による河川および土壌の汚染があげられる。

5.4 水環境汚染

水は，本来自然循環の過程で浄化されるものだが，**カドミウム**，**シアン**などの有害な化学物質などが循環プロセスに入り込み，生物に影響を与えることを**水質汚染**という。1950年代後半，熊本県の水俣で工場排水からメチル水銀が水俣湾に流れ込み，住民に甚大な被害をもたらした。

5.4.1 日本の水質保全施策

このような水質汚染を防ぐため水質汚染の基本的な枠組みを定めた**水質汚濁防止法**が1970年に成立し，**公共用水域**[†2]のすべてを対象として，**特定事業場**（特定施設を設置する工場，事業場）からの排水を規制した。工場などの事業場から排出される汚水および廃液によって人の健康に係る被害が生じた場合の事業者の損害賠償の責任を定め，被害者の保護を図ることとしている。その後の改正によって**水質総量規制**の制度化，地下水汚染の未然防止，生活排水対策なども盛り込まれた。

農薬についても，広範な地域で相当量使用されており，使用することによって水産動植物に著しい被害を発生させるおそれがあるもの，水質を汚濁して人

---

†1 ダイオキシン類については，ダイオキシン類対策特別措置法に基づき，土壌汚染だけでなく大気や水質の汚染に関する環境基準が定められている（平成11年12月告示）。具体的基準値は，大気（年間平均値 0.6 pg-TEQ/m^3 以下），水質（年間平均値 1 pg-TEQ/l 以下），土壌（1 000 pg-TEQ/g 以下）である。ここで，**TEQ** は toxic equivalent の略で，2,3,7,8-tetrachlorodibenzodioxine の毒性に換算した値である。

†2 公共用水域は河川，湖沼，港湾，海などを指し，下水道は含まれない。下水道は下水道法の規制を受ける。

畜に被害を及ぼすおそれがあるものは**水質汚濁性農薬**として農薬取締法で規制されている。バブル期にゴルフ場が急増し，芝生育成のための肥料や農薬による水質汚濁が懸念され，農薬の適正使用が叫ばれ，各都道府県が，ゴルフ場排水口での水質調査などの監視を進めた。こうした一連の対策によって，わが国の水質汚染は改善の方向に向かっている。

一方，洗濯・炊事などの日常の生活によって排出される生活排水が河川や湖沼などの水環境を汚染する原因の一つになっている。行政は，生活排水対策を総合的に推進し，下水処理施設の完備や合併浄化槽の普及などを図り，同時に市民に対して生活排水への意識を高めるよう PR に努めている。その一環として，環境省では市民に身近な水質に興味を持ってもらうため，水生生物による水質判定のマニュアルを作成し，1984年から各都道府県を通じて，全国の河川で市民の参加よる**水生生物調査**を実施している。

上述のように，人間の活動（産業，農業，生活，レジャー・観光，その他）

水質総量規制とは

わが国では，内湾，内海，湖沼等の閉鎖性水域の水質汚濁が他の水域に比較して進んでいて，窒素，リン等を含む物質が流入し，富栄養化が進行している。東京湾，伊勢湾，瀬戸内海等では赤潮が多数発生しており，東京湾等では青潮の発生も見られる。このような状況に対処するため，東京湾，伊勢湾，瀬戸内海を対象に，閉鎖性水域の水質保全を図るために設けられたのが**水質総量規制**である。

これらの水域沿岸は，多くの事業所や人口が密集している地域で総合的な排水量が多いため，各事業所単位の排水濃度の規制だけでは，水質汚濁が止められないことから，工場，事業所，生活排水流量も規制したわけである。具体的には，東京湾，伊勢湾，瀬戸内海に関係する各府県ごとに総量削減計画を策定し，汚濁負荷量の削減目標を設定し，その目標を達成するために，下水道等の生活排水処理施設の整備や工場や事業場に対する総量規制基準の設定を行っている。

に伴って用いられた工業化学品，食品，肥料，農薬，薬品などが，処理されずに排出されたり，事故によって化学物質が流出して水質汚染が広がる。以下に，地下水，海水，河川・湖沼・ダム湖の汚染についていくつかの例を紹介する。

5.4.2 地下水汚染

半導体製造工場や機械製造工場で洗浄用に用いられた**トリクロロエチレン，テトラクロロエチレン，1,1,1-トリクロロエタン**が漏出し，地下水を汚染した例は世界各地で起こっている。中には，白血病，がん，流産，先天性異常などが多発したり，死亡者が出た例もある。日本でも，1980年代に地域経済振興の施策として，地方都市およびその周辺の内陸部に半導体工場など先端産業の工場が建設され，それに伴って工場からの有機溶剤汚染も表面化し，半導体製造工場から排出されたトリクロロエチレンによって井戸水と水道水源が高濃度に汚染された事件（1983年）が報告されている。有機塩素化合物は地下水環

BOD・COD とは

水中の微生物は有機物を分解する働きをするが，分解する際に酸素を必要とする。このときの酸素の量を **BOD**（biochemical oxygen demand；**生物化学的酸素要求量**）という。水の汚染物質量が少なければ生分解するときの酸素の量は少なくてすみ，逆に汚れていれば酸素の量は多く消費される。この性質を利用して，河川の水質がどれくらい汚れているかを測る指標として BOD 値が用いられる。BOD 値が 10 mg/l 以上になると悪臭の発生等が見られる。

また，**COD**（chemical oxygen demand；**化学的酸素要求量**）と呼ばれる指標があり，水中の有機物を酸化剤で分解する際に消費される酸化剤の量を酸素量に換算したものである。河川では BOD 値，湖沼と海域では COD 値が定められている。

境下でも分解されにくく安定であるため，**地下水系**に取り込まれると原状回復は困難である。日本国内の名水湧出地のなかには，有機溶剤汚染のために取水停止措置がとられたところもある。

5.4.3 海水の汚染例

船底や漁網への貝類や海草の付着を抑制するために用いられた有機スズ化合物（**トリブチルスズ**（TBT）および**トリフェニルスズ**（TPT））が，養殖魚介類の奇形の原因物質であることが判明し，現在わが国では使用禁止となっている。しかし，世界的にはこれらの薬剤の使用を制限していない国もあり，有害な**船底塗料**を使用した外国の船舶が養殖場や沿岸海水の汚染し続けている。

また，世界各地でタンカーなどの船舶の運転・事故による原油や重油の漏出，貯蔵タンクからの流出などが起こって，石油由来の炭化水素による海洋汚染はかなり深刻なものである。

5.4.4 河川・湖沼・ダム湖の汚染

近年，河川上流域での人間活動によって，窒素，リンといった植物栄養素の流入量が増加したため，しばしば大量のアオコの発生が顕在化するようになった。

水道水源から取水された水は，水道水として使用するために塩素殺菌が行われるが，その処理基準は，水道水利用の末端で1 ppm以上を保つことである。送水途中における損失を考慮して添加されるため，アオコ，その他の有機物が多い場合，この塩素処理によって発ガン性の**トリハロメタン**などの有機塩素系化合物が生成する危険性がある。有害な有機塩素系化合物の生成を抑制ためには，水源の有機性汚濁を低減することが最も効果的であるのは言うまでもない。ゴミの焼却・塩素系農薬の使用に伴って排出されたダイオキシン類は，河川・湖沼・ダム湖などの水系を経由して水道水や井戸水を汚染している。

また，工場や家庭では，高級アルコール系の**アルキル硫酸ナトリウム**（AS），**陰イオン性・陽イオン性界面活性剤**や，**非イオン性界面活性剤**を主成

分とする多種類の合成洗剤が使用されている。

分岐鎖型アルキルベンゼンスルホン酸ナトリウム（ABS）は，魚類に対する毒性や催奇形性をもつことが判明したため，毒性のより弱い**直鎖型アルキルベンゼンスルホン酸ナトリウム**（LAS）が使用されるようになった。これらは，河川に排出されると希釈されて数 ppm 以下になるが，稚魚では 1〜2 ppm の濃度で影響を受け，3〜10 ppm の範囲で魚のふ化率の減少や奇形発生が認められ，貝類も 5 ppm になると受精率が低下すると報告されている。

工業用非イオン界面活性剤である**ノニルフェノール（ポリ）エトキシレート**は，河川・海水中で**ノニルフェノール**にまで生分解され，内分泌攪乱物質として作用し，魚類のふ化率低下や奇形の発生を促進すると考えられている。ノニルフェノールは好気条件下では比較的容易に生分解されるが，湖沼や河川の底泥に蓄積された場合には嫌気環境であるので生分解されにくい。

5.5 文明社会の持続と環境保全のバランス

私たちが，快適な社会生活を営むためにさまざまな新技術，新物質を生み出し，結果として環境に負荷を与え続けてきたことは明らかな事実である。ときには発展の速度を下げてまで環境負荷を低減することも必要なのかもしれない。要は経済性や快適さと環境の維持のバランスをいかに保つかにかかっている。

便利さを追求した結果，思わぬ危険が生じることは技術の歴史を見ると繰り返し起きている。そのような不都合をどのように回避するかを考えて作られた技術は，また新しい危険を作り出す可能性を秘めている。新しい技術はそのような危険性を秘めていることをつねに念頭におきながら新しい技術の開発と利用を考えることが必要であろう。

6. 食品と環境

　人間が生きていくために不可欠なものとして**食物摂取**があり，すべての食品が環境に由来している。それらの食品を得るために**大気汚染**，**水質汚染**，**土壌汚染**等が引き起こされ，環境汚染，環境破壊が少しずつ進んでいるのが地球環境の現状である。そのような状況で得た食品が，われわれの体内で多くの疾病の原因として問題視されるようになってきた。

　農産物は，品種改良・化学肥料・化学合成農薬などの開発が進み，農業の生産性が向上した。生産量の向上のみならず，加工・流通段階における保存性の向上，見栄え，調理・摂取の簡便さまでが得られるようになってきている。しかし，過剰な化学物質に依存したために，生態系の破壊や，**環境ホルモン**による生殖異常や奇形などが起こり，近年では，**食物アレルギー**，**発がん性**など人体被害にまで広がる傾向を示している。

　また，工場廃水・農業用水などの汚染物質や，不法投棄された化学物質（PCB，重金属類，水銀，カドミウム）により5章で述べたような海洋汚染が引き起こされ，魚介類が生物濃縮を繰り返すことで，食物連鎖の高次の人間が重大な影響を受け始めている。畜産動物（牛，豚，鶏など）や養殖魚に対しては，病気の治療や予防のために，抗生物質，寄生虫駆除剤などの薬品や，飼料の効率の改善や栄養成分の補給のために飼料添加物が使用され，これらが残留した食品を摂取する可能性が高まってきている。

　このほかに，牛海綿状脳症（BSE）や，鳥インフルエンザ，コイヘルペスウイルス病その他新生物，微生物，食物アレルギー，**遺伝子組換え**などさまざまな問題が食品をめぐって，たくさんの問題が私たちの前に山積されている。

　本章では，摂取する食品がどのような危害にさらされ，どこまで管理されているかを本章では考えてみたい。

94　6. 食品と環境

6.1　日本における食品の自給率，需要と輸入食品の推移

　わが国の**食料自給率**は，供給熱量自給率で1960年の79％から1998年の40％まで低下している。また，穀物自給率では1960年の82％から1998年の27％まで毎年下がり続けており，総合的に見ても6割の食料を輸入に頼っている。

　各国の総合食料自給率を2002年のベースで比較してみると，アメリカ119％，フランス130％，イギリス74％であり，これら先進諸国の中でわが国の食料自給率が他の先進国の中でも最低水準となっていることが**図6.1**から明白である。

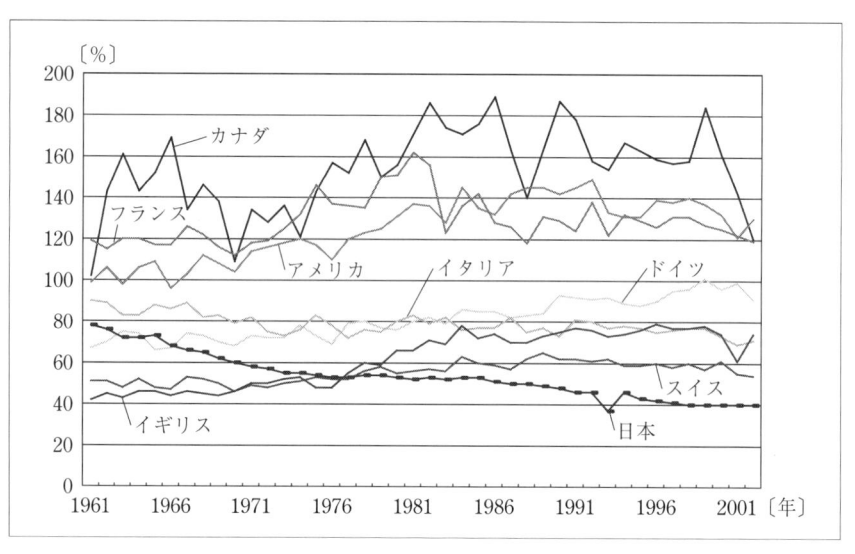

　図6.1　主要先進国における食料自給率（カロリーベース）の推移
　　　　〔農林水産省「食料需給表」より〕

　例えば，2003年に日本が輸入した食料についてあげてみると，最も量が多かったのは，おもに飼料用として利用されている**トウモロコシ**（約1600万トン）であり，ついで，**小麦**（約600万トン），**油脂原料用**としておもに使用さ

れている**大豆**（約500万トン）の順であった。問題点として指摘できるのは，これらの品目の輸入相手国が，米国など特定の国に偏っていることで，特に，トウモロコシの約9割，小麦の約5割，大豆の約8割は米国からの輸入シェアとなっている。

また，世界各国の**穀物自給率**より試算すると，日本の穀物自給率は，173の国・地域中124番目で，**OECD**（Organization for Economic Cooperation and Development；**経済協力開発機構**）加盟30か国中では28番目である。このような食料自給率の変化は，戦後急速な高度成長に伴う都市化による耕地面積の減少や，農地の最大限活用がなくなったことなどが原因としてあげられる。

農地問題以外に食品自給率を大きく低下させた原因として考えられるものは，私たちの食生活の大幅な変化をあげることができる。例えば，図6.2に示したように自給率の高い米の消費量は2分の1と減少し，自給率の低い畜産物は5倍，油脂類の消費は3倍に増加しているものの，国内では需要が増加した食品すべてを生産することが現状として不可能である。このように食生活が豊かになり，需要が増えたわが国では，食品を自給することができず，外国から食糧を輸入しなければならないために，輸入が増大しているのが現状である。

ここで，わが国が輸入しているおもな輸入農産物の量的関係を，その作物の

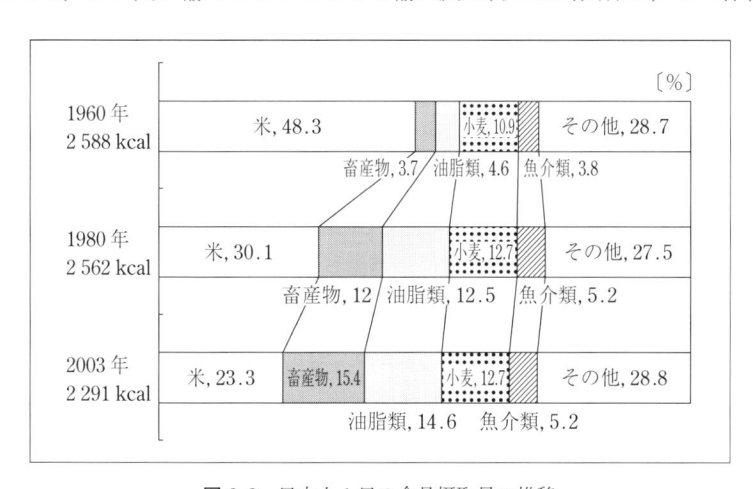

図6.2 日本人1日の食品摂取量の推移

生産に必要とされる**作付面積**に換算して比較したのが**図6.3**に示した試算グラフである。この試算から国内農地面積の約2.5倍に相当する約1 200万haが必要となり国内農地面積と合わせるとわが国の食料をすべて自給するためには約1 700万ha近い農地が必要と試算される。地球規模で眺めても、人口の増加による**食料事情**の悪化が予想される中で、わが国がどのように将来食料を自給していくのかを真剣に考える時期が到来しているのではないだろうか。

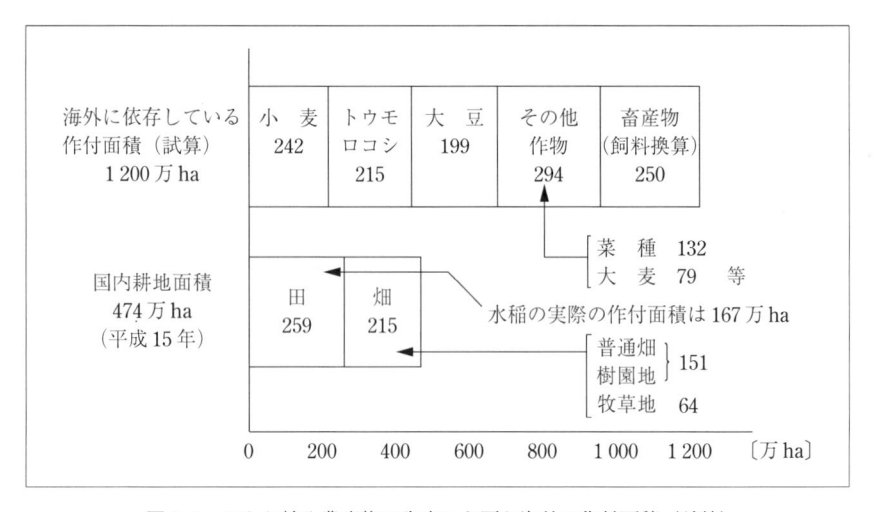

図6.3 おもな輸入農産物の生産に必要な海外の作付面積（試算）

わが国では，総輸入金額38 345 200万ドルのうち3 922 800万ドルが食料品として輸入されており，日本10％，イギリス6.9％，ドイツ5.9％，アメリカ3.5％，カナダ5.1％，イタリア7.5％と，日本が最も多い比率で食品を輸入している。すべての食物（野菜や肉など）を自国で自給することは不可能であるが，ほとんどの国では，食品の輸出と輸入に均衡が保たれており，日本のみ，輸入依存していることが**図6.4**から明白である。

2004年における食品等（食品，添加物，器具，容器包装または乳幼児用おもちゃ）の届出輸入重量は約34 270 000トン（厚生労働省・輸入食品監視統計より）でした。品目別の輸入量の構成比は，**図6.5**に示したように農産食品・農産加工食品72.2％，水産食品・水産加工食品8.7％，畜産食品・畜産加工

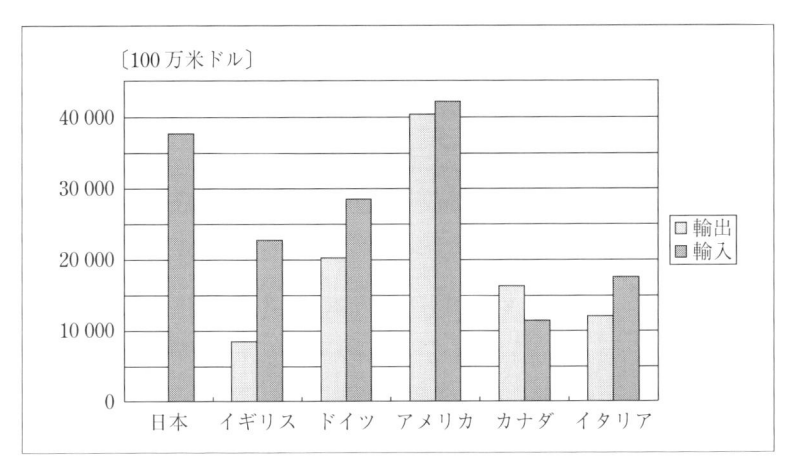

6.1 日本における食品の自給率，需要と輸入食品の推移　　97

図 6.4　国別食品輸出・輸入額（2002 年）

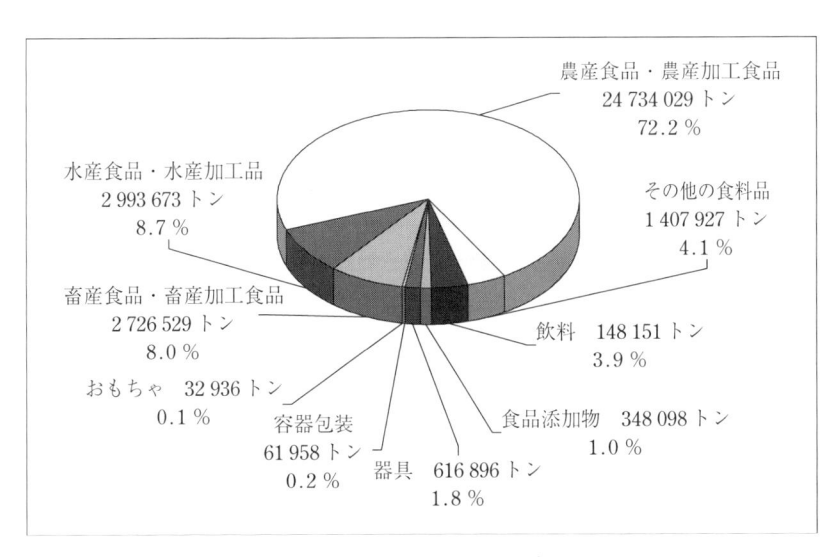

図 6.5　品目分類別輸入重量の構成〔厚生労働省
平成 16 年輸入食品監視統計より〕

食品 8.0 ％である．

　わが国の自給率減少の問題点としては，先進諸国の中で人口密度が高いことと農地面積がきわめて小さいことがあげられる．しかし，国土面積でわが国の 60 ％強，人口で約半分である英国では農地面積が約 8 倍と広く，フランスで

食料自給率の計算方法

　国の食料消費のうち国産の食料でどの程度まかなえているのかを示す指標が食料自給率と呼ばれているものであり，その示し方は大きくつぎのように分類されている。

① 品目別自給率（重量ベースの自給率）

　個々の品目について，その自給の度合いを示すものであり重量の比率として算出されている。

・品目別自給率

(例)　$小麦の自給率 = \dfrac{小麦の国内生産量}{小麦の国内消費仕向量} \times 100$

（平成10年度；米：95％，小麦：9％，肉類：55％ など）

・穀物自給率（重量ベースの自給率）

　穀物の自給の度合いを示すものであり重量の比率として算出されている。

$主食用穀物自給率 = \dfrac{主食用穀物の国内生産量}{主食用穀物の国内消費仕向量} \times 100$

（米，小麦，大麦麦芽のうち飼料用を除く）

$飼料を含む穀物全体の自給率 = \dfrac{穀物の国内生産量}{穀物の国内消費仕向量} \times 100$

（米，小麦，大麦麦芽のうち飼料用も含む）

② 総合食料自給率（カロリーベースの自給率）

　食料としては，穀物，畜産物，野菜，魚等々多種多様であり全体として総合的に自給の度合いを示すことも必要とされる。しかしながら，個々の内容や機能が異なる食料を共通の「尺度」，カロリーの比率や金額の比率で計算して食料全体の総合的な自給の度合いを示すものである。

$\begin{array}{c}カロリーベースの食料自給率\\（供給熱量総合食料自給率）\end{array} = \dfrac{国民1人1日当りの国産熱量}{国民1人1日当りの供給熱量} \times 100$

(注) 国内の畜産物については，飼料自給率を乗じ，輸入飼料による供給熱量分を控除

$金額ベースの食料自給率 = \dfrac{食料の国内生産額}{食料の国内消費仕向額} \times 100$

(注) 国内の畜産物および加工食品については，輸入飼料および輸入食品原料の額を国内生産額から控除

は10倍強，アメリカに至っては約40倍弱という面積があり，農業生産の基礎が各国でしっかりとしている。わが国では積極的な政策がとられておらず都市化の進行に伴って農地面積が1965年の600万haから474万haへと減少しているとともに，裏作の減少が続き，**耕地利用率**も124％から94％へと低下しており**自給率問題**は深刻である。

6.2 食品摂取における人体危害

　自然の循環系や生態系を介して私たちが日常口にする食品の安全性という言葉が重要視されてきており，安全な食材を摂取するために，法律等で規制・監視体制がとられている。

　例えば，**農薬**は使用される種類や使用量，使用時期があり，残留基準が法律で規制されている。また，食肉中の残留動物用医薬品の基準，食品に添加する食品添加物の種類と，使用量の規制がされている。

　また，食品に直接接触する容器（陶器・陶磁器・ガラス・ホウロウ引き・合成樹脂）にも，規格・基準が定められている。

　しかしながらすべての食材が安全というわけではない。事実，予期せぬ環境（気象）変化や，事故（規制されていない化学物質の混入），新しい疾病の発生などにより，私たちが摂取する食品にも多くの問題が発生しており，それを摂取した私たちは，急性的に，あるいは慢性的に，もしくは遺伝的に影響されている。健康危害を防止するために，あらゆる方法で，いろいろな機関で研究・開発・管理を行っているが，まず，どのようなものがあるか，農薬，残留農薬，食品添加物，残留動物用医薬品（動物性抗菌・合成抗菌剤），食中毒，内分泌撹乱物質，遺伝子組換え，保健機能性物質について考えていきたい。

6.2.1　農　　　薬

　農薬の定義は，農作物を害する菌，線虫，ダニ，昆虫，ネズミその他の動植物またはウイルスの防除に用いられる殺菌剤，殺虫剤その他の薬剤および農作

物等の生理機能の増進または抑制に用いられる植物成長調整剤，発芽抑制剤やその他の薬剤（**農薬取締法**を基盤として）とされている。また農作物等の病害虫を防除するための**天敵**も農薬とみなす，とされている。

国際的に食用農産物に使用が認められている農薬は，約700種類あり，日本では，農業に使用されるすべての農薬は農薬取締法によって登録が義務付けられ，農薬安全使用基準の遵守が定められている。その食用登録農薬は，約350種類あり，農薬の使用される対象は，用途によって**表6.1**のように分類されている。

表6.1　農薬の分類

農薬の種類	使用用途
殺虫剤	農作物を加害する害虫を防除する薬剤
殺菌剤	農作物を加害する病気を防除する薬剤
殺虫・殺菌剤	農作物の害虫，病気を同時に防除する薬剤
除草剤	雑草を防除する薬剤
殺そ剤	農作物を加害するノネズミなどを防除する薬剤
植物成長調整剤	農作物の生育を促進，または抑制する薬剤
誘引剤	主として害虫をにおいなどで誘き寄せる薬剤
展着剤	他の農薬と混合して用い，その農薬の付着性を高める薬剤
天敵	農作物を加害する害虫の天敵
微生物剤	微生物を用いて農作物を加害する害虫・病気等の防除剤

＊　農林水産省より

2001年3月現在，214種の農薬について約130種の農産物の種類ごとに延べ8000以上の基準が定められている。農薬は，農産物・食資源の安定生産，病害虫の防除，品質の維持，農作業の軽減などのためには，ある程度の農薬を使用することが避けられず，食品中に残留する農薬の安全対策は重要な課題となっている。

また，厚生労働省の**食品衛生法**による残留基準設定の農薬は，282種類である（2005年12月現在）。

青果物に残留している農薬は，国産・輸入を問わず，**残留農薬基準**に従って規制されている。輸入農産物が急増している社会的背景を受けて，厚生労働省

は2006年5月29日残留農薬基準の**ポジティブリスト制度**を施行した（6.2.3項参照）。食資源の国際化に伴い，国際的に流通している食品の残留農薬の許容限度についての**国際食品規格（CODEX）**を作成する作業を進めている。

農産物・食資源の安定生産，病害虫の防除，品質の維持，農作業の軽減などのために各種の農薬類が使用されているため，食品中に残留する農薬の安全対策は重要な課題となっている。

6.2.2 残留農薬（残留農薬基準）

農薬は，病害虫を防除したり，雑草を取り除いたり，作物の成長を制御したりする目的に使用され，その後，日光や土壌微生物によって分解され，ほとんどが消失すると言われている。しかし，一部または低濃度に農作物に残留する可能性がある。そこで，農作物に残留した残留農薬が人の体に害を及ぼすことがないよう，**上限値**（薬事・食品衛生審議会で検討され，食品衛生法に基づく施策）を定めたものが**残留農薬基準**である。

残留農薬基準は，食品衛生法第11条に基づく食品規格で，農産物中に残留しても許容される農薬の最大上限値である。通常，1 kg当りの農産物に，ある農薬が残留する限度を mg として，ppm（濃度単位：百万分の1）で表される。

残留農薬基準は，われわれが農産物等から摂取する農薬が**1日摂取許容量（ADI）**を超えることのないよう設定されている。

残留基準を超えて農薬が残留している農産物は，国産品，輸入品を問わず，流通，販売などが禁止される。

6.2.3 農薬等のポジティブリスト制

日本では，**食品衛生法**の改正により，2006年5月29日から**ポジティブリスト制**が導入された（図6.6）。それまでの日本の残留農薬の規制は，農薬について残留基準を設定し，それを超えた食品の流通を禁止するという**ネガティブリスト制**に則った方式であった（ネガティブリスト：残留基準が設定されてい

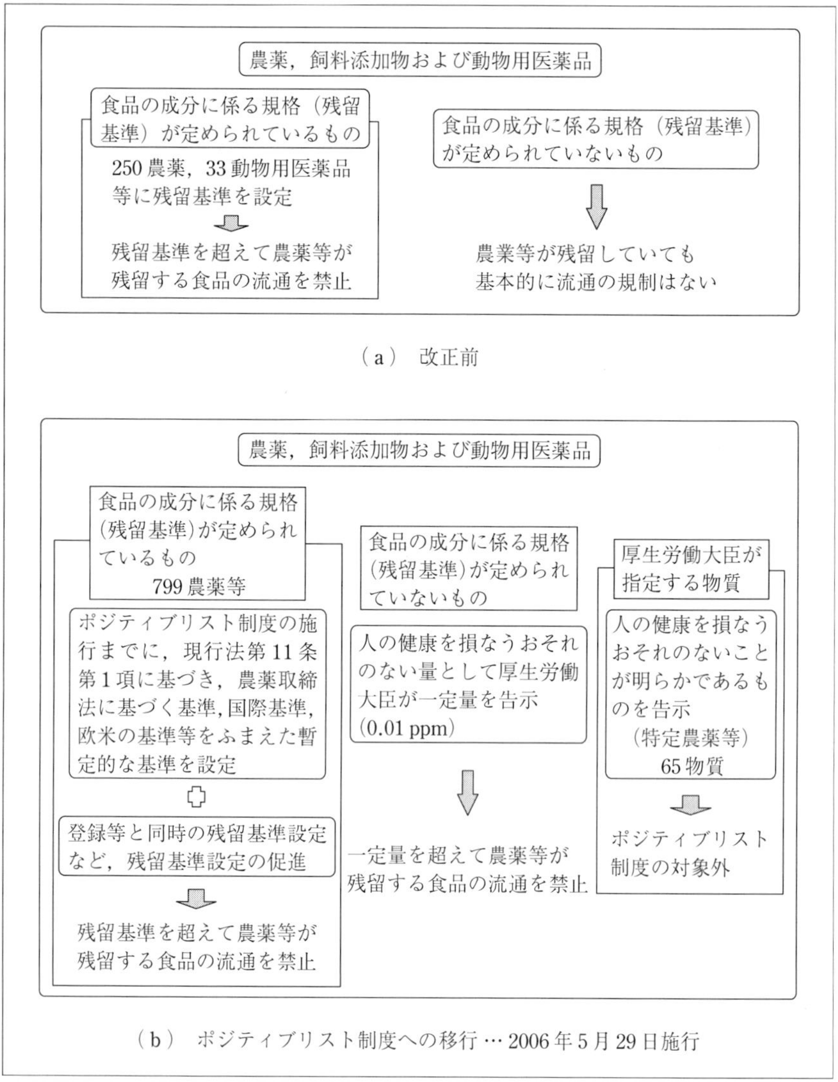

6. 食品と環境

```
┌─────────────────────────────────────────────────────┐
│           農薬，飼料添加物および動物用医薬品           │
│  ┌─────────────────────┐  ┌─────────────────────┐  │
│  │食品の成分に係る規格（残留│  │食品の成分に係る規格（残留│  │
│  │基準）が定められているもの│  │基準）が定められていないもの│ │
│  │ 250農薬，33動物用医薬品 │  │          ↓          │  │
│  │   等に残留基準を設定    │  │                     │  │
│  │         ↓            │  │  農業等が残留していても │  │
│  │ 残留基準を超えて農薬等が │  │  基本的に流通の規制はない│ │
│  │ 残留する食品の流通を禁止 │  │                     │  │
│  └─────────────────────┘  └─────────────────────┘  │
└─────────────────────────────────────────────────────┘
                  （a） 改正前
```

```
┌──────────────────────────────────────────────────────────┐
│           農薬，飼料添加物および動物用医薬品                │
│ ┌──────────────┐ ┌──────────────┐ ┌──────────────┐     │
│ │食品の成分に係る規格│ │食品の成分に係る規格│ │厚生労働大臣が  │     │
│ │（残留基準）が定められ│ │（残留基準）が定められ│ │指定する物質   │     │
│ │ているもの        │ │ていないもの      │ │             │     │
│ │ 799農薬等       │ │             │ │             │     │
│ ├──────────────┤ │人の健康を損なうおそれ│ │人の健康を損なう│     │
│ │ポジティブリスト制度の施│ │のない量として厚生労働│ │おそれのないこと│     │
│ │行までに，現行法第11条│ │大臣が一定量を告示   │ │が明らかであるも│     │
│ │第1項に基づき，農薬取締│ │（0.01 ppm）     │ │のを告示       │     │
│ │法に基づく基準，国際基準，│ │             │ │（特定農薬等）  │     │
│ │欧米の基準等をふまえた暫│ │             │ │ 65物質      │     │
│ │定的な基準を設定     │ │     ↓       │ │     ↓       │     │
│ │     ⇧          │ │             │ │ポジティブリスト│     │
│ │登録等と同時の残留基準設定│ │一定量を超えて農薬等が│ │制度の対象外  │     │
│ │など，残留基準設定の促進│ │残留する食品の流通を禁止│ │             │     │
│ │     ↓          │ └──────────────┘ └──────────────┘     │
│ │残留基準を超えて農薬等が│                                  │
│ │残留する食品の流通を禁止│                                  │
│ └──────────────┘                                        │
└──────────────────────────────────────────────────────────┘
       （b） ポジティブリスト制度への移行 … 2006年5月29日施行
```

図6.6 食品中に残留する農薬等へのポジティブリスト制度の導入（改正食品衛生法第11条関係）[3]〔厚生労働省，2005年11月29日付で関係告示の公布より〕

ない農薬について，いくら残留があっても規制できず，輸入農産物の激増のなかで問題となっていた）。

新しく導入されたポジティブリスト制では，まず，**残留基準**（および暫定規

準，以下同じ）の設定されている農薬については，その基準以内での作物への残留は認めている（基準を超えれば当然，その作物の流通が禁止されます）。そして，それ以外の残留基準の設定されていない農薬の残留は禁止される。

　しかし，実際の農薬使用の現場では，防除対象の農作物に隣接する他の農作物にも農薬が飛散し残留する可能性が否定できない。この場合には，隣接する他の作物にその農薬の残留基準が設定されていない可能性があり，このような残留まで一切禁止すると，生産が成り立たなくなるおそれもあり，輸入農産物の増加の中，国内外で残留基準が設定されていない農薬が検出される可能性もあるため，残留基準が設定されていない農薬の残留（**表 6.2**）については，人の健康を損なうおそれのない量（**一律基準値**：0.01 ppm）を設定し，それを超えた残留のある農産物の流通を全面的に禁止するという対応がとられている。また，人の健康を損なうおそれのない物として**表 6.3** に示した物質と**天敵農薬**と**特定農薬**はポジティブリスト制の対象外とされている。

表 6.2　食品において不検出（検出されてはならない）とされる農薬等

・2,4,5-T	・ジエチルスチルベストロール
・アゾシクロチンおよびシヘキサチン	・ジメトリダゾール
・アミトロール	・ダミノジット
・カプタホール	・ニトロフラン類
・カルバドックス	・プロファム
・クマホス	・メトロニダゾール
・クロラムフェニコール	・ロニダゾール
・クロルプロマジン	

---

1 日摂取許容量（ADI）

　1 日摂取許容量は，ADI（acceptable daily intake）といい，ある物質について，人が生涯その物質を毎日摂取し続けたとしても，健康に対する有害な影響が現れないと考えられている 1 日当りの摂取量のことをさす。

　通常，1 日当り体重 1 kg 当りの物質量（$\frac{\mathrm{mg/kg}}{\mathrm{day}}$）で表される。

6. 食品と環境

表 6.3 人の健康を損なうおそれのない物として規定より除外されている物質

1	亜鉛	33	ソルビン酸
2	アザジラクチン	34	チアミン
3	アスコルビン酸	35	チロシン
4	アスタキサンチン	36	鉄
5	アスパラギン	37	銅
6	β-アポ-8-カロチン酸エチルエステル	38	トウガラシ色素
7	アラニン	39	トコフェロール
8	アリシン	40	ナイアシン
9	アルギニン	42	乳酸
10	アンモニウム	43	尿素
11	硫黄	44	パラフィン
12	イノシトール	45	バリウム
13	塩素	46	バリン
14	オレイン酸	47	パントテン酸
15	カリウム	48	ビオチン
16	カルシウム	49	ヒスチジン
17	カルシフェロール	50	ヒドロキシプロピルデンプン
18	β-カロテン	51	ピリドキシン
19	クエン酸	52	プロピレングリコール
20	グリシン	53	マグネシウム
21	グルタミン	54	マシン油
22	クロレラ抽出物	55	マリーゴールド色素
23	ケイ素	56	ミネラルオイル
24	ケイソウ土	57	メチオニン
25	ケイ皮アルデヒド	58	メナジオン
26	コバラミン	59	葉酸
27	コリン	60	ヨウ素
28	シイタケ菌糸体抽出物	61	リボフラビン
29	重曹	62	レシチン
30	酒石酸	63	レチノール
31	セリン	64	ロイシン
32	セレン	65	ワックス

6.2.4 植物ホルモン

植物ホルモンは農薬取締法上，農薬の1種とされ，すでに農業で利用されている。特に，植物成長調整剤は植物ホルモンか植物ホルモン様物質がおもな成分であるが，現在知られている植物ホルモンには**表6.4**に示したような6種（オーキシン，ジベレリン，サイトカイニン，アブシジン酸，エチレン，ブラシノステロイド）がある。これらは，多くの植物に流通・貯蔵・低コストを目的に使用されているのが現状であるが，今後の問題として，人体への影響や，植物自体の持つ代謝機能をより詳細に検討する必要があると言われている。

表6.4 植物ホルモン

分類	使用目的	作用・特徴・効能	使用植物
オーキシン 合成オーキシンのインドール酢酸	オーキシン活性物質	除草剤 細胞組織培養 挿し木時の発根促進 着果，果実肥大促進 摘果剤 収穫後鮮度維持 熟期促進 着色促進 収穫前落下防止ネット形成，果実肥大促進	イネ キク，スギ トマト，ナス 温州ミカン レモン 温州ミカン，ネーブル カキ リンゴ，ナシ メロン
	オーキシンの働きを弱める	貯蔵中の萌芽抑制 新梢抑制 腋芽抑制	バレイショ，タマネギ ニンニク ブドウ，かんきつ類 たばこ
ジベレリン 90種類以上	植物体内にある植物ホルモンと同じ物質を使う方法	着果数の増加 果実の肥大促進 成熟促進 種なし果実にする 成長促進 茎の伸長 開花促進	ナス，イチゴ ブドウ，キュウリ ブドウ，イチゴ ブドウ ミツバ，フキ，ウド キク，シラン プリムラ，キク，シラン テッポウユリ
	ジベレリンの働きを弱める抑制剤	休眠打破 落果防止ジベレリン	ネーブル，カキ キク，ポインセチア

表6.4 (つづき)

分類	使用目的	作用・特徴・効能	使用植物
ジベレリン 90種類以上	植物体内でジベレリンの生成を阻害するジベレリン合成阻害剤	伸長抑制 ジベレリン合成阻害剤 着粒増加 新梢抑制 倒伏軽減剤 伸長抑制	ブドウ しゃくなげ, モモ オウトウ 水稲 麦類
サイトカイニン	細胞分裂を促進 細胞を拡大	側芽, 萌芽発生促進　果実肥大 着果促進	リンゴ, アスパラガス ブドウ, キウイ メロン, スイカ, 温州ミカン 温州ミカン
	植物の老化を抑える	新梢発生促進 その他：バイオテクノロジーの基本である細胞培養の培地に利用される。 新梢発生促進	温州ミカン
アブシジン酸	花や果実の脱離, 種子や芽の休眠作用	落葉を促進 抑制型ホルモンと言える	綿
エチレン（エテホン）	果実成熟を促進	果実の熟期促進 開花抑制 倒伏軽減や根毛の成長促進, 花芽形成促進	ナシ, オウトウ, カキ, トマト, キク トウモロコシ, 麦類などの発根 青いバナナの熟成 早生温州ミカンのカラーリングなど
ブラシノステロイド	増収効果	オーキシン, ジベレリン, サイトカイニンの作用を合わせ持つ	小麦, トウモロコシ, ミカン, ブドウ, スイカ

* 農林水産省より

6.2.5 生物農薬

生物農薬とは，病害虫や雑草の防除に利用される微生物や天敵などのことを意味している。それらは，自然界に存在する生物であるが，防除を目的として使用する場合は，これらも農薬取締法によって農薬とみなされている。生物農薬を大別すると，**表6.5**に示したような**天敵昆虫**（捕食性昆虫，寄生性昆虫などで，捕食性ダニ類も含む），**天敵線虫**（昆虫寄生性線虫，微生物捕食性線虫など）

表6.5 生 物 農 薬

	生物農薬の種類	作用機序
天敵昆虫	捕食性昆虫（餌となる動物を昆虫が探して食べる）	捕食性昆虫（捕食性ダニを含む） テントウムシ，ハナカメムシ，ショクガバエ，カブリダニなど
	寄生性昆虫（成虫が，寄主の昆虫に産卵し，孵った幼虫が寄主の体を餌にして発育し，最終的には殺してしまう）	寄生性昆虫 ハチやハエ オンシツツヤコバチは，施設野菜類のコナジラミ類の防除に，またコレマンアブラバチは施設野菜類のアブラムシ類の防除に使用される
天敵線虫	防除に使われるのは体長1mm以下の昆虫寄生性線虫	線虫は宿主の体内で増殖するが，ある生育段階の幼虫が宿主の体外に飛び出し，地中や地表にいる害虫の幼虫の体内に侵入する。その線虫は自分の腸の中にもっている共生細菌を放出し，その細菌は急速に増殖し細菌の毒素により害虫は敗血症を起こし感染してから48時間以内に死にいたる。
天敵微生物	殺虫剤	天敵微生物の代表は，バチルス・チューリンゲンシス（Bacillus thuringiensis；BT）という枯草菌の一種で，殺虫剤として使われている。BTは体の中に結晶性毒素をつくり，昆虫がBTのついた餌を食べると，アルカリ条件下の消化管のなかで分解酵素により毒素が活性化され，消化管を破壊し殺虫力を示す。しかし，ミツバチのように消化管の中がアルカリ性でない昆虫や胃液が酸性の哺乳類では毒性を発現しない。BTはその種類により，コナガ，モンシロチョウなどに効くもの，ハエ，カに効くもの，甲虫に効くものがある。
	灰色カビ病の防除剤	バチルス・ズブチリス（Bacillus subtilis） ナスとトマト
	雑草防除	ザントモナス・キャンペストリス（Xanthomonas campestris），芝生の雑草の枯死
	殺虫剤	糸状菌製剤 桑や柑橘類の害虫のカミキリムシ類を対象
	殺虫剤	ウイルス 昆虫に感染し，標的以外の生物に悪影響を及ぼさないウイルス バキュロウイルス（Baculovirus）属の核多角体病ウイルス（NVP），顆粒病ウイルス（GV），サイポウイルス（Cypovirus）属の細胞質多角体病ウイルス

* 農林水産省より

および**天敵微生物**（細菌，糸状菌，ウイルス，原生動物など）に分けられる。

生物農薬は，日本では，約60種あると言われているが，自然界に存在する生物を利用した環境にやさしい農薬として，にわかに注目されてきている。しかし，人体や生物環境に悪影響を与えることも懸念されている。

6.2.6　ポストハーベスト農薬

収穫された農産物の輸送，貯蔵中の虫の害，腐敗・変敗・カビの発生，発芽などの品質劣化を防ぎ，品質を保持し，農産物を安定供給するために，収穫後に農薬を使用することがあり，収穫後使用を認められている農薬を**ポストハーベスト農薬**という。これに対して収穫前に使う農薬は**プレハーベスト農薬**と言われている。ポストハーベスト農薬の背景には，海外からの膨大な量の農産物が輸入されている現状の問題点がある。アメリカなど諸外国では，大量・長期貯蔵，長距離・長時間輸送の必要から多くの農薬のポストハーベスト使用が，穀物，果実などに広く認められている。

しかし，すべての農産物に農薬が使われるのではなく，穀物の場合は夏を越すものに殺虫剤が使われ，野菜や果物も消費者に届くまで時間がかかるものに殺菌剤が使われている。例えば日本向けに輸出される穀物は輸送ルートによっては夏を越すのと似た条件になるときのみで，すべての農産物にポストハーベスト農薬が使われているのではない。

ところで，日本の農薬のポストハーベスト使用は，輸入農産物保管のための**くん蒸剤**以外認められておらず，臭化メチル，シアン化水素，リン化アルミニウムなど9剤が，貯蔵穀物の害虫駆除のために臭化メチルを使うことがあるのを除き，現在，国内農産物に，くん蒸剤が使われることはほとんどない。

しかし，果物などに腐敗防止（保存）のために農薬としても使われる薬剤が処理されることがあるが，収穫後の農産物への殺菌剤の使用は，農薬としてではなくではなく，食品添加物としての使用基準が適用されている。

収穫後の農産物は「農作物」ではなく「食品」なので，農薬ではなく食品衛生法による食品添加物として扱われ，食品添加物としての残留基準が定められ

規制されている。食品添加物として指定されている防カビ剤には，**表 6.6** に示したようなオルトフェニルフェノール，チアベンダゾール，イマザリルなどの殺菌剤が含まれる。

これらの残留物質が，人体に取り込まれることによる発ガン性，遺伝・急性・慢性毒性などが懸念されている。

表 6.6　日本で食品添加物として指定されているおもな防カビ剤

防カビ剤	使用方法	使用対象食品
オルトフェニルフェノール（OPP），オルトフェニルフェノールナトリウム	カビ類に対して，すぐれた防カビ力を持っている。かんきつ類の表皮に散布または塗布する。最近では，チアベンダゾールなど他の防カビ剤と併用することがある。	かんきつ類
チアベンダゾール（TBZ）	広い抗菌スペクトルを示す抗菌剤で，農薬，食品添加物のほかに，動物用医薬品としても広く使用されている。防カビ剤としては，かんきつ類には，ワックスエマルジョンに混入し，収穫後の果物を浸漬する方法が一般に用いられ，バナナには，溶液に浸漬するか，収穫時にスプレーする方法が用いられる。	かんきつ類，バナナ
イマザリル	ジクロルベンゼン誘導体とイミダゾールを反応させて製造している。比較的水に溶けやすく，強いカビ防止効果がある。柑橘類ではワックス処理液に浸漬して，バナナでは処理液に浸漬したり，スプレーしたりして使用する。	かんきつ類（ミカンを除く），バナナ

6.2.7　動物性抗菌・合成抗菌剤

愛玩用の動物は，人間の生活に欠くことのできない存在となってきており，種類の多さと数の増加は世界的規模で広がっている。それに伴ってもたらされる病気の種類と発症数の増加もまたよく知られた事実である。人間の生活の多様化とともに**畜水産食品**（乳，食肉，鶏卵，魚介類等）の消費は非常に多くなりそれらの生産効率の向上のために疾病等を予防するための動物用医薬品が不可欠となってきた。反面，動物用医薬品の食品（鶏，アヒル，牛，豚，羊，ヤギ，馬，鹿，七面鳥，魚介類，生食用かき等）への残留が食品衛生上問題とな

6. 食品と環境

ってきており，29品目の動物用医薬品の残留基準値が平成7年以降，現在までに食品ごとに詳細に設定されてきている。残留基準値が設定されている**動物用医薬品**は**抗生物質**（11品目），**合成抗菌剤**（5品目），**内寄生虫用剤**（11品目）および**ホルモン剤**（2品目）に分類されている（**表6.7**）。

これらの動物用医薬品が残留した食品を摂取し，人体に取り込まれると，アレルギー，過敏症，耐性菌（抗生物質が効きにくくなる菌）の出現などが懸念される。

表6.7 動物用医薬品の種類と目的

種 類	目 的
抗生物質	おもに動物の病気の治療や伝染病の予防のために使用
合成抗菌剤	抗生物質と同様，おもに動物の病気の治療や伝染病の予防のために使用
内寄生虫用剤	動物の寄生虫予防のために使用
ホルモン剤	肉牛の成長を早め肉質を柔らかくするために使用

6.2.8 食品添加物

食品添加物は食品衛生法第10条では，「一般に食品として飲食に供されているもので添加物として使用されるもの」と定義されている（**表6.8**）。

表6.8 食品衛生上の添加物の分類

添加物の種類	品目	分 類
指定添加物	356品目	食品添加物は厚生労働大臣が安全性と有効性を確認して指定した（2005年8月19日現在，食品衛生法施行規則別表第1に収載）
既存添加物	450品目	天然添加物として使用実績が認められ品目が確定している
天然香料	612品目	天然香料基原物質リストに基原物質が収載
一般飲食物添加物	72品目	

* 天然香料，一般飲食物添加物を除き，今後新たに開発される添加物は，天然や，合成の区別なく指定添加物となっている。

添加物の使用基準は，摂取量がADIを超えないように，食品衛生法第7条の規定に基づいて設けられている。添加物の使用基準には，つぎの4つが定められる。

表6.9 食品添加物の種類と用途

種 類	目的と効果	食品添加物例
甘味料	食品に甘味を与える	カンゾウ抽出物 サッカリンナトリウム
着色料	食品を着色し、色調を調節する	クチナシ黄色素 食用黄色4号
保存料	カビや細菌などの発育を抑制し、食品の保存性を良くし、食中毒を予防する	ソルビン酸 しらこたん白抽出物
増粘剤 安定剤 ゲル化剤 糊 剤	食品に滑らかな感じや、粘り気を与え、分離を防止し、安定性を向上させる	ペクチン カルボキシメチルセルロースナトリウム
酸化防止剤	油脂などの酸化を防ぎ保存性を良くする	エルソルビン酸ナトリウム ミックスビタミンE
保存料	カビや細菌などの発育を抑制し、食品の保存性を良くし、食中毒を予防する	ソルビン酸 しらこたん白抽出物
増粘剤 安定剤 ゲル化剤 糊 剤	食品に滑らかな感じや、粘り気を与え、分離を防止し、安定性を向上させる	ペクチン カルボキシメチルセルロースナトリウム
酸化防止剤	油脂などの酸化を防ぎ保存性を良くする	エルソルビン酸ナトリウム ミックスビタミンE
発色剤	ハム・ソーセージの色調・風味を改善する	亜硝酸ナトリウム 硝酸ナトリウム
漂白剤	食品を漂白し、白く、きれいにする	亜硫酸ナトリウム 次亜硫酸ナトリウム
防カビ剤 (防ばい剤)	輸入柑橘類等のカビの発生を防止する	オルトフェニルフェノール ジフェニール
イーストフード	パンのイーストの発酵を良くする	リン酸三カルシウム 炭酸アンモニウム
ガムベース	チューインガムの基材に用いる	エステルガム チクル
香 料	食品に香りをつけ、おいしさを増加させる	オレンジ香料 バニリン
酸味料	食品に酸味を与える	クエン酸(結晶) 乳酸
調味料	食品にうま味などを与え、味を整える	L-グルタミン酸ナトリウム タウリン(抽出物)
豆腐用凝固剤	豆腐を作るときに豆乳を固める	塩化マグネシウム グルコノデルタラクトン

表 6.9 （つづき）

種　類	目的と効果	食品添加物例
乳化剤	水と油を均一に混ぜ合わせる	グリセリン脂肪酸エステル 植物レシチン
pH 調整剤	食品の pH を調節し品質を良くする	DL-リンゴ酸 乳酸ナトリウム
かんすい	中華めんの食感，風味を出す	炭酸カリウム（無水） ポリリン酸ナトリウム
膨脹剤	ケーキなどをふっくらさせ，ソフトにする	炭酸水素ナトリウム 焼ミョウバン
栄養強化剤	栄養素を強化する	ビタミン A 乳酸カルシウム
その他の食品添加物	その他，食品の製造や加工に役立つ	水酸化ナトリウム 活性炭，液体アミラーゼ

① 使用できる食品の種類

② 食品に対する使用量や使用濃度

③ 使用目的

④ 使用方法

通常これらを必要に応じて組み合わせて定められている（**表 6.9**）。

　私たち日本人は，1 日約 10 g の添加物（70〜80 種）を摂取していると言われ，ADI により摂取量が規定されている。しかし，これらは単品で規制されているので，混合された食品としての安全性は，確認されていないのが現状である。過剰摂取による，アレルギーの原因，肝機能低下が懸念されている。

6.2.9　食　中　毒

　食中毒には細菌性食中毒，感染症による食中毒，ウイルス性食中毒，自然毒食中毒，化学物質による食中毒などがある。その種類を**表 6.10** に表す。

　わが国で発生する食中毒は，年間，事件数で約 2 500 件，患者数は約 4 万人であり，その内訳はほとんど細菌性食中毒であり，中でも**サルモネラ，腸炎ビブリオ，大腸菌**が 3 大食中毒菌である。

　原因となっている食品別発生数としては魚介類およびその加工品が 22 ％ と

表6.10 食中毒の種類

食中毒の分類		種類
細菌性食中毒	感染型（細菌の感染と増殖により発症する）	サルモネラ，腸炎ビブリオ，下痢原性大腸菌，カンピロバクター，ジェジュニ/コリー，エルシニアエンテロコリチカ，ウェルシュ菌，ナグビブリオ，ビブリオ ミミクス，ビブリオ フルビアリス，プレシオモナス シゲロイデス，エロモナス ヒドロフィラ，エロモナス，ソブリア，リステリア
	毒素型（細菌（真菌）の産生する毒素により発症する）	セレウス菌，黄色ブドウ球菌，ボツリヌス菌，ウエルシュ菌，腸管出血性大腸菌（O-157など），ナグビブリオ
	その他	ヒドフィラ，エロモナス，ソブリア
感染症による食中毒	2類感染症	チフス菌，パラチフスA菌，赤痢菌，コレラ菌
	3類感染症	腸管出血性大腸菌（O-157など）
ウイルス性食中毒	ノロウイルス	
	その他のウイルス（A型肝炎ウイルス，ロタウイルスなど）	
自然毒食中毒	動物性	フグ，毒カマス，貝など
	植物性	毒キノコ，ばれいしょの芽，トリカブトなど
化学性食中毒	化学物質の食品中への不適正混入	殺そ剤，農薬など
その他の食中毒	寄生虫によるもの	クリプトスポロジウム，アニサキスなど
	アレルギー様食中毒	
	その他	

圧倒的に高く，患者数では複数の食品素材で調理加工した食品が17％と高く，卵ではサルモネラの原因が高い。原因施設では飲食店37.6％，家庭25.7％と高い値となっている。

月別の発生状況は，食中毒事件の7～8割が**細菌性食中毒**であり，食中毒菌の増殖しやすい高温多湿の7～9月にかけて事故が多く発生している。冬季には，ウイルス性食中毒が増えているのが近年の特徴である（**図6.7**）。

このほかに近年減少傾向にはあるが，自然毒には植物性自然毒（キノコ，トリカブト，ユラカオ，ジャガイモ），動物性自然毒（フグ，下痢性および麻痺性貝毒，アオブダイ）がある。また，化学物質食中毒として，農薬，洗剤，ニコチン，ヒ素などの誤混入事故が報告されている。

114   6. 食品と環境

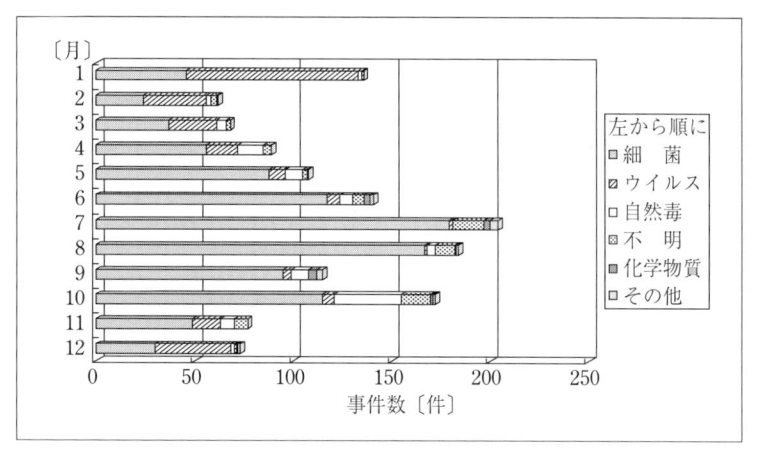

図 6.7 病因物質別事件件数の月別推移〔2005年厚生労働省資料より〕

6.2.10 内分泌撹乱物質

内分泌撹乱物質とは内分泌撹乱作用をもつ化学物質のことを言い，日本政府の見解では「内分泌系に影響を及ぼすことにより，生体に障害や有害な影響を引き起こす外因性の化学物質」としている。

世界保健機関/国際化学物質安全性計画（WHO/IPCS）の見解では「内分泌撹乱化学物質とは，無処置の生物やその子孫や（部分）個体群の内分泌系の機能を変化させ，その結果として健康に有害な影響を生じる単一の外因性物質または混合物である」としている。

現在，内分泌撹乱物質として疑われている物質は国や調査によって異なるが，環境省は殺虫剤，除草剤，殺菌剤，プラスチックの可塑剤など約70種類を疑わしい物質としている（**表 6.11**）。

自然界で起こっているさまざまな異常現象と，疑われている化学物質との因果関係はほとんどが解明されていない。しかし，環境庁の中間報告には影響があるとされている（**表 6.12**）。

表 6.11 内分泌攪乱作用が疑われる化学物質

非意図的生成物，難燃剤，絶縁油等			ベンゾ (a) ピレン ポリ臭化ビフェニール類 ポリ塩化ビフェニール類 ポリ塩化ジベンゾダイオキシン ポリ塩化ジベンゾフラン
除草・殺虫剤・農薬等	カーバメイト系殺虫剤		アルジカルブ，ベノミル，カルバリル，メソミル，ビンクロゾリン
	ジチオカーバメイト系殺菌剤		マンコゼブ，マンネブ，メチラム，ジネブ，ジラム
	有機塩素系殺虫剤	アルドリン，ディルドリン	アルドリン，ディルドリン
		クロルデンおよび関連物質	trans-, cis-クロルデン，ヘプタクロル，ヘプタクロルエポキサイド，trans-ノナクロル，オキシクロルデン
		DDT および関連物質	DDT，DDD，DDE
		その他	エンドリン，エンドスルファン，ヘキサクロロシクロヘキサン，ケポン，メトキシクロル，マイレックス，トキサフェン
	合成ピレスロイド系殺虫剤		シペルメトリン，エスフェンバレレート，フェンバレレート，ペルメトリン
	トリアジン系除草剤		アトラジン，メトリブジン，シマジン
	フェノキシ系除草剤		2,4-ジクロロフェノキシ酢酸，2,4,5-トリクロロフェノキシ酢酸
	その他		アラクロール，アミトロール，ジブロモクロロプロパン，2,4-ジクロロフェノール，エチルパラチオン，ヘキサクロロベンゼン，ケルセン，マラチオン，ニトロフェン，オクタクロロスチレン，ペンタクロロフェノール，トリフルラリン
プラスチック可塑剤・樹脂関連物質	プラスチック可塑剤		フタル酸類全般 フタル酸ブチルベンジル フタル酸ジブチル フタル酸ジシクロヘキシル フタル酸ジエチルヘキシル フタル酸ジエチル フタル酸ジヘキシル フタル酸ジ-n-ペンチル フタル酸ジプロピル アジピン酸ジ-2-エチルヘキシル

表 6.11 (つづき)

プラスチック可塑剤・樹脂関連物質	樹脂関連物質	ビスフェノール A	ビスフェノール A, アルキルフェノール, ノニルフェノール, p-オクチルフェノール
		スチレン	スチレン, スチレン 2 量体, スチレン 3 量体
	その他	スズ化合物	酸化トリブチルスズ, ビストリブチルスズオキサイド, 塩化トリブチルスズ, トリフェニルスズ, 塩化トリフェニルスズ
		紫外線吸収剤, 合成中間体等	ベンゾフェノン, n-ブチルベンゼン, 4-ニトロトルエン

* 環境庁が示した 67 項目にあげられた物質を用途, 相互関連性をもとに分類した

表 6.12 野生生物に見られる影響

生　物		場　所	影　響	推定原因物質
貝類	イボニシ	日本・海岸	雄性化, 個体数の減少	有機スズ化合物
魚類	ニジマス	英国・河川	雌性化, 個体数の減少	ノニフェノール
	サケ	米国・五大湖	甲状腺過形成, 個体数減少	ノニフェノール
は虫類	ワニ	米国フロリダ州	ペニスの矮小化, ふ化率低下, 個体数減少	有機塩素系農薬
鳥類	カモメ	米国・五大湖	雌性化, 甲状腺腫瘍	DDT, PCB
	メリケンアジサシ	米国・ミシガン湖	ふ化率低下	DDT, PCB
哺乳類	アザラシ	オランダ	個体数低下, 免疫能低下, 精子数減少, 死産, 奇形の発生	PCB
	シロイルカ	カナダ		PCB
	ピューマ	米国		不明
	ヒツジ	豪州		植物エストロジェン

* 環境庁「外因性内分泌撹乱化学物質問題に関する研究班中間報告書」(1997) より

6.2.11　感染症（鳥インフルエンザ, BSE）

(1) 鳥インフルエンザ　一般的には**鳥インフルエンザ**として知られている鳥類のインフルエンザは, 人間のインフルエンザとは別の A 型インフルエンザウイルスの感染症であると言われている。

　鳥類のインフルエンザは, 1878 年にイタリアで初めて確認され, 鶏等が感

染すると全身症状を起こし，神経症状（首曲がり，元気消失等），呼吸器症状，消化器症状（下痢，食欲減退等）等が現れ，鶏の大量死という事態を引き起こした。しかし，1983年にペンシルバニア州（米国）で発生したH5N2型鳥インフルエンザウイルスは，徐々に強い病原性を示すようになり始めて**高病原性**

内分泌系攪乱に関するウィングスブレッド会議

1991年7月，コルボーンとマイヤーズにより企画されウィスコンシン州レイシンに21名の科学者が集まり，初めて内分泌系攪乱に関するウィングスブレッド会議が開催された。この会議で討議された重要な事項は，以下の2点である。
① 野生動物を脅かしているホルモン作用攪乱物質によって，人類の未来も危機に瀕していること
② 化学物質の管理が必要不可欠であること

なお，合成化学物質がホルモン作用を攪乱すると警告した最初の科学論文は，1950年の実験生物学医学協会の論文集で，フランク・リンデマンとハワード・バーリントン（シラキューズ大）による「DDTの摂取量と雄鶏の発育阻害」である。

また，レイチェル・カーソンの「沈黙の春」の中でも一部ふれられている。

以下に，代表的な内分泌攪乱物質を示す。

（a）エストロゲン　　（b）DES　　（c）PCB

（d）2,3,7,8-TCDD　（e）2,3,7,8-TCDF　（f）DDT

鳥インフルエンザと称される発症例となった。

1997年に香港において，H5N1亜型の鳥インフルエンザが人への致死的な感染被害があると確認されて以来，非常に重要な疾病として，わが国においても厚生労働省は食品衛生と安全性の面から，農林水産省は家きん類という面からそれぞれの取組みを行っている。

一般的には，食品衛生の観点と家畜衛生の観点から重要であり，鳥インフルエンザ発生農場から出荷された鶏卵や鶏肉についての安全性も種々の専門的な知識が蓄積されて，今後さらに世界的には，鳥類から人間への感染も報告され

ダイオキシン異性体の急性毒性

ダイオキシンは異性体によって毒性が変わってくる。以下に，異性体の種類と，モルモットとマウスの半数が致死する薬物量（半数致死量）を示す。

	半数致死量〔μg/kg〕	
	モルモット	マウス
無置換		$>50\times10^3$
2,8	$>3\times10^5$	
2,3,7	29.444	$>3\times10^3$
2,3,7,8	0.6〜2.0	283.7
1,2,3,7,8	3.1	337.5
1,2,4,7,8	1 125	$>5\times10^3$
1,2,3,4,7,8	72.5	825
1,2,3,6,7,8	70〜100	1 250
1,2,3,7,8,9	60〜100	$>1 440$
1,2,3,4,6,7,8	>600	
1,2,3,4,5,6,7,8,9		$>4\times10^4$

ているので感染が拡大して地域での行動には十分注意することが大事であり，情報をできるだけ集め，安全性には各自が気をつけることが重要である。

（2） 牛海綿状脳症　牛海綿状脳症（**BSE**；狂牛病）は，1986年にイギリスで初めて牛での発症が報告され，1996年に変異型クロイツフェルトヤコブ病，変異型 CJD（vCJD）が人で報告された。

この発症の原因の一つとして，汚染された牛肉やその加工食品の摂取が推察され，世界的な問題として提議され現在に至っている。わが国においても食生活に大きく影響していることでよく知られた事実である。

なぜ，牛で発症するのかという原因について現時点では，牛の体から回収した，いわゆる**肉骨粉**を餌として他の牛に与えることが BSE の原因であると判明している。そして，人間への感染経路については，牛の特定の組織，特に脳，脊髄，中枢神経系に関連する部位を除去することによって，食品の安全性を向上させ感染の危険性を減少させることができると言われている。

6.3　遺伝子組換え

われわれは，すでに**遺伝子組換え農作物**（genetically modified oganisms；**GMO**），遺伝子組換え技術を利用して生産される食品添加物，遺伝子組換え飼料ならびに飼料添加物等（食肉や鶏卵）などが食品として流通し，摂取している。

遺伝子組換え農作物のおもな生産国は，アメリカ 4760 万 ha，（世界生産全量の約 66％），アルゼンチン 1620 万 ha，カナダ 540 万 ha，中国 370 万 ha，（ISAAA；国際アグリバイオ事業団調べ）などが主要生産国で，ヨーロッパ各国の生産量は非常に少なく，日本ではほとんど生産されていない（**表 6.13**）。

組換え農作物は，大豆，トウモロコシ，綿，菜種が 4 大栽培作物で，これら 4 作物の世界での総栽培面積（2 億 8100 万 ha）の 29％（8100 万 ha）が，いまや遺伝子組換え農作物となっている（2004 年）（**表 6.14**）。

安全性の評価については，わが国では，安全性が確認された農産物やこれら

表6.13 遺伝子組換え農作物の主要生産国

国名	2002年	2004年	
アメリカ	3 900万ha（世界の遺伝子組換え作物の約66％）	4 760万ha	世界の遺伝子組換え農作物の59％
アルゼンチン	1 350万ha	1 620万ha	世界の遺伝子組換え農作物の20％（アルゼンチン大豆総栽培面積のほぼ100％が遺伝子組換え）
カナダ	350万ha	540万ha	キャノーラ菜種の生産が主体
ブラジル	不明	500万ha	2004年に中国を追い越した大豆が中心
中国	210万ha	370万ha	綿が中心
ヨーロッパ各国	生産量は非常に少ない		
日本	ほとんど生産していない		

＊ ISAAA，国際アグリバイオ事業団調べ，一部はモンサントの資料

表6.14 遺伝子組換え農作物4大栽培作物の生産面積

品目	2002年	2004年
大豆	3 650万ha 大豆総栽培面積の62％	4 840万ha 大豆総栽培面積の56％）遺伝子組換え農作物全体の6割を除草剤耐性大豆が占めている
トウモロコシ	1 240万ha	1 930万ha
綿	680万ha	900万ha（インドで急増）
菜種	300万ha	430万ha

を原材料とする加工食品には，その旨を表示することが必要とされています。販売を許可されている遺伝子組換え農作物は，厚生労働省より安全が認められている品種とされている。組換え目的は大別して，**除草剤耐性**（大豆，菜種など）と**害虫耐性**（トウモロコシ，綿など）に分けられるが，その他栄養素を強化するものも知られている（**表6.15**）。

しかし，遺伝子組換え農作物はすべてに表示があるわけではなく，醬油や油の大豆などはほとんどが遺伝子組換えですが表示されておらず，大豆，トウモロコシ，ジャガイモについては組換え種が5％以上入っていない加工品は表示の必要がないのが現状である。加工食品で判別が難しい商品は**遺伝子不分別**

表6.15 品種と厚生労働省の代表的な認可ブランド名

品種および特性	ブランド名
大豆 (オレイン酸を多く含む，特定の除草剤で枯れない)	ラウンドアップ・レディー・大豆 40-3-2 系統
	ラウンドアップ・レディー・大豆 260-05 系統 (ラウンドアップ・レディーは除草剤の名前)
ジャガイモ (害虫に強い，ウイルスに強い)	ニューリーフ・ジャガイモ BT-6 系統
	ニューリーフ・ジャガイモ SPBT 02-05 系統
	ニューリーフ・プラス・ジャガイモ RBMT 21-129 系統
	ニューリーフ・プラス・ジャガイモ RBMT 21-350 系統
	ニューリーフ・プラス・ジャガイモ RBMT 22-82 系統
菜種 (特定の除草剤で枯れない)	ラウンドアップ・レディー・カノーラ RT 73 系統
	HCN 92
	WESTAR-Oxy-235
トウモロコシ (害虫に強い，特定の除草剤で枯れない)	ラウンドアップ・レディー・トウモロコシ GA 21 系統
綿 (害虫に強い，特定の除草剤で枯れない) 綿実油を採るために栽培されている	ラウンドアップ・レディー・ワタ 1445 系統
	BXN cotton 10211 系統
テンサイ (特定の除草剤で枯れない)	ラウンドアップ・レディー・テンサイ 77 系統

遺伝子組換え農作物（GMO）の安全性

　害虫の消化管はアルカリ性のため，組換え農作物の Bt タンパク質（バチルスチューリンゲンシス）は害虫の消化管のみで活性化し，受容体に吸収されて，消化管を破壊することとなる。
　人間など哺乳類，鳥類の胃は酸性なので，Bt は活性化せず，その腸には，Bt の受容体もないので，影響なく排泄される。
　以上が遺伝子組換え食品を安全とする論者の根拠である。

という表示になっている。

最新の研究では、栄養価を高める食品、アレルゲンを除いたお米、乾燥、塩害に強い作物、ワクチンを組み込んだ食べる医薬品、等が研究されている。

6.4 その他の食品汚染物質

化学、工業技術の発展により、多くの化学物質が環境に排出され、環境汚染が問題になっており、その汚染された化学物質が原因となって、食品を介してわれわれの体内に取り込まれ、健康に悪影響をもたらしていることが知られている。

代表的な化学物質としては、**PCB（ポリ塩化ビフェニル）**、有機水銀、ダイオキシン類、スズを含む有機化合物、ヒ素、鉛、カドニウムなどをあげることができる。これらをまとめたものを**表6.16**に示す。

表6.16 環境汚染物質

汚染源	対象食品	規制値など	中毒症状
PCB（ポリ塩化ビフェニル）(Polychlorinated biphenyl)	魚類 　遠洋沖合魚介類(可食部) 　内海内湾(内水面を含む) 魚介類（可食部） 牛乳（全乳中） 乳製品（全量中） 育児用粉乳（全量中） 肉類 卵類 容器包装	厚生労働省の暫定規制 0.5 ppm 3 ppm 0.1 ppm 1 ppm 0.2 ppm 0.5 ppm 0.2 ppm 5 ppm	視力の衰え、ニキビ様皮疹、中性脂肪の増加、神経症状、肝腫大、生体に対する毒性が高く、脂肪組織に蓄積しやすい。発ガン性があり、また皮膚障害、内臓障害、ホルモン異常を引き起こす。
	1968年「カネミ油症事件」、1972年の生産・使用の中止、1974年に製造および輸入が原則禁止。しかし、1974年以前に作られたものの対策がとられず、2000年ころから、世界でPCBを含む電化製品、特に老朽化した蛍光灯の安定器からPCBを含む液が漏れる事故により、社会問題となっている。わが国では、PCB処理特別措置法を制定し、2016年までに処理するとしている。		

6.4 その他の食品汚染物質　123

表 6.16　（つづき）

汚染源	対象食品	規制値など	中毒症状
水銀	魚介類 マグロ類（マグロ，カジキおよびカツオ）および内水面水域の河川産魚介類（湖沼産の魚介類は含まない），並びに深海性魚介類等（メヌケ（類），キンメダイ，ギンダラ，ベニズワイガニ，エッチュウバイガイおよびサメ類）については適用しない	厚生労働省の暫定規制 総水銀：0.4 ppm メチル水銀：0.3 ppm （水銀として）	有機水銀（水銀原子に炭化水素が結合した化合物）は無機水銀に比べ毒性が非常に強い。四肢の麻痺，言語障害，視力の衰えなど中枢神経障害など。特にメチル水銀の神経中枢（脳）に対する毒性は強力。
	有機水銀はかつて農薬として広く使われた。水俣病や阿賀野川流域は，有機水銀中毒（メチル水銀）が原因物質である。 自然界に存在する無機水銀は微生物によって有機水銀に変えられ，食物連鎖を通じて，大型魚類や，深海魚，海棲哺乳類に蓄積される。厚生労働省は，魚類，クジラ，イルカなどの海棲哺乳類に含まれる水銀が胎児の発育に影響を及ぼす恐れがあるとして妊娠中かその可能性のある女性は食べる回数を減らすように注意を喚起している。		
ダイオキシン類ポリ塩化ジベンゾパラジオキシン（PCDD），ポリ塩化ジベンゾフラン（PCDF），コプラナ-PCB からなる3種類の化学物質群の総称	脂肪分の多い魚，肉，乳製品，卵など（脂肪に溶けやすい） 一般的な生活環境で取り込まれるダイオキシンの量は，1日に体重1 kg 当り 0.52〜3.53 pg と推定されています（体重50 kg の人なら約26〜177 pg を体内に取り込んでいる）[*1]。	ダイオキシン類は 4 pg-TEQ/kg 体重/日[*2]	急性毒性：胸腺の萎縮，脾臓の萎縮，肝臓障害 慢性毒性：発がん性，生殖・発生毒性，免疫毒性，先天的奇形，免疫機能の低下，精子形成の減少など
	廃棄物の焼却炉などから発生し，大気中の粒子などに付着したダイオキシンは，土壌，河川，海洋を汚染し，プランクトンや魚に食物連鎖して取り込まれ，生物に蓄積されていくと考えられている。わが国の大都市地域の大気中のダイオキシン濃度は平成8年度の環境庁調査では 0.3〜1.65 pg/m^3 です。（1 pg/m^3 とは，1 m^3 の空気中に1兆分の1 g のダイオキシンがあることの意味）欧米の都市地域では，0.1 pg/m^3 程度なので，日本の都市は，欧米と比べればかなり高い。		

表6.16 （つづき）

汚染源	対象食品	規制値など	中毒症状
スズを含む有機化合物 酸化トリブチルスズ TBTO (tributyltin oxide), 塩化トリフェニルスズ TPTC (triphenyltin chloride)	魚介類 近海，養殖など	TBTOは，製造・輸入が禁止：第1種特定化学物質[*3] TBT化合物，TPT化合物は，使用自粛の行政指導：第2種特定化学物質[*4]	皮膚および呼吸器系に対する強い刺激性，急性胃腸炎・スズ肺 内分泌かく乱作用が高い（オス化させる作用）
	貝や藻類の付着防止効果のため塗料として船底，漁網に塗られて利用されてきた。しかし，TBTOはその有害性と海洋汚染が問題となった。		
放射能 セシウム-134 (Cs-134), -137 (Cs-137)	汚染地域の農産物や牛乳，お茶，葉菜等，農産物由来加工品など	セシウム-134とセシウム-137の合計量で370 Bq/kg以下[*5]	急性障害：やけど，出血（内臓からも），けいれん，意識混濁，白血球減少など 晩発性障害：ガン・白血病，白内障，胎児の障害，寿命短縮，遺伝障害など
	1986年4月，旧ソ連邦チェルノブイリ原子力発電所の事故で，大量の放射性物質が飛来した。揮発性の高い核種のセシウム-137，セシウム-134，ヨウ素-131等が注目された（半減期は，セシウム134：2.1年，セシウム137：30年，ヨウ素：8日）。現在でも現地を中心にヨーロッパにおける放射性セシウムの土壌汚染（土壌成分に吸着しやすく，その物理学的半減期のみでしか減少しない）は重大である。		

*1　参考：環境省
*2　厚生労働省は2002年6月26日「ダイオキシン類の健康影響評価に関するワーキンググループ報告書」
*3　1990年「化学物質の審査及び製造等の規制に関する法律」
*4　1990年「家庭用品品質表示法」でも規制
*5　厚生労働省の暫定規制

7. バイオハザード

　生物工学，遺伝子工学および関連分野の技術の急速な進歩と，それに伴う生物関連産業や生物系研究機関の巨大化と増加，そして，医療の発達による医療機関の多様化と近代化によって，多種多様な生物系廃棄物の発生と廃棄量の肥大化がおこっている。また，この分野で用いられる器具や容器は，効率と安全性の面から，ディスポーザブル性のものが主流となってきており，ガラス製からプラスティックやポリプロピレンなどの合成新素材製の割合が増加し，廃棄処理の困難さも増加している。

　本章では，特に生物，生化学関連物質の廃棄に関する危険性，有害性，いわゆるバイオハザードについて考えてみたい。

7.1　バイオハザードとは

　バイオハザード（biohazard）とは，biological hazard が原語であり，生物災害あるいは，生物学的危険性などという意味である。バイオハザードは病原性微生物による感染や微生物の産生するアレルゲンや毒素などの有害物によって，人や社会，環境が受ける災害，汚染を指す。バイオハザードが対象となる分野は，医療機関や生物を取り扱う研究機関がおもなものとなり，病原体や伝染病などの研究や治療，微生物や植物，動物などあらゆる生物に関する研究，遺伝子工学や遺伝子組換えの研究や操作などが該当する。

7.2　バイオハザードに関する規制

　日本では，病原体に関するものとして国立感染症研究所が「病原体等安全管

理規定」を作成している。また，遺伝子組換えに関するものとしては，「生物の多様性に関する条約のバイオセーフティに関するカルタヘナ議定書」をもとに，環境省，財務省，文部科学省，厚生労働省，農林水産省および経済産業省で検討した「遺伝子組換え生物等の使用等の規制による生物の多様性の確保に関する法律」がある。施設の運用についての規定としては，「研究開発等に係る遺伝子組換え生物等の第二種使用等に当たって執るべき拡散防止措置等を定める省令」などもある。

　一方，廃棄物に関しても，医療廃棄物ガイドラインの提示により廃棄物処理法が1991年に全面的に改正され，その後，1992年には感染性廃棄物処理マニュアルが提示された。さらに2004年に改正され現在に至っている。

7.3　バイオハザード実験室

　バイオハザードを防止するためには，まず，作業を行っている場所から，病原性微生物や感染性物質，遺伝子組換え生物等が環境中へ拡散しないように封

カルタヘナ議定書

　国際的な移動や輸送手段が，迅速，多彩になった現在，バイオハザードに国境はないとされている。そのため，バイオテクノロジーにより改変され，かつ，生きている生物（living modified organism；LMO）の国境を越える移動に対する手続きなどの国際的枠組がカルタヘナ議定書により定められている。当初，1999年にコロンビアのカルタヘナで開催された国際会議において採択される予定だったため，この名で呼ばれているが，多国間の種々の調整のため，実際には，翌年，カナダのモントリオールで開催された国際会議において採択された。日本は2003年に締結し，2004年から発効している。

じ込めておく必要がある。そのためのバイオハザード実験室は，設備構造の程度と運営法により**基準実験室**，**安全実験室**，**高度安全実験室**の三つに分類されている。これは，さらに，**物理的封じ込め**（physical containment）のレベルに従って，**P-1**から**P-4**の4段階に分けられる。そこで扱う病原体のクラスについてもレベル1からレベル4までの4段階に分かれている。それらの関係を**表7.1**に示した。

表7.1　バイオハザード実験室の分類

実験室	実験室クラス	病原体レベル	隔離レベル
基準実験室	P-1	1	・不要 ・一般外来者の立ち入りも可
	P-2	2	・エアロゾル発生の恐れがあれば生物学用安全キャビネット内で行う ・作業中は一般外来者の立ち入り禁止
安全実験室	P-3	3	・生物学用安全キャビネット内で行う ・動物実験で必要な場合は陰圧アイソレーター内で行う ・登録者以外の立ち入り禁止
高度安全実験室	P-4	4	・レベル3安全キャビネット（グローブボックス）内で行う ・実験を熟知した者以外の立ち入り禁止

通常，作業環境を清潔に保つためには，**クリーンルーム**という概念があるが，これは，外部から実験室内に汚染を持ち込まないというものであり，通常陽圧となっている。一方，バイオハザード実験室は，汚染を外部へ出さないというものであるため，室内は陰圧となっている。

7.4　バイオハザードの対象となる廃棄物

それでは，廃棄物に関してはどうだろうか。生物を取り扱う研究機関や医療機関から出される廃棄物はバイオハザードの対象となり得る。例えば，医療機関から出される廃棄物はすべて**医療廃棄物**であるが，**感染性廃棄物**と**非感染性廃棄物**に区別され，このうち，感染性廃棄物がバイオハザードの対象となる。

7. バイオハザード

感染性廃棄物は，その内容により，さらに，一般廃棄物と産業廃棄物に区分される。また，非感染性廃棄物でも，メスや注射針など鋭利なものは感染性廃棄物と同様の処理が義務付けられている。医療廃棄物の分類例を図7.1に示した。点線内がバイオハザードの対象となる廃棄物である。遺伝子や生物系を扱う研究機関などから生じる廃棄物も，基本的にはこの分類と同じく処理されることになる。

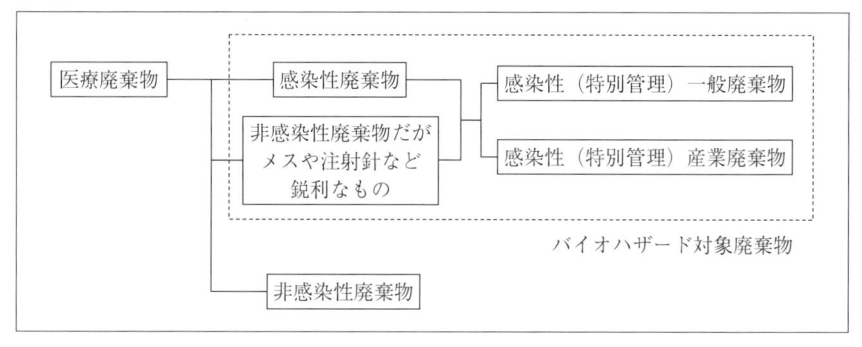

図7.1 医療廃棄物の分類例

以前の廃棄物処理法では，感染性廃棄物に該当するか否かの判断は，直接扱っている医師や実験者の主観に任されていたが，感染性廃棄物の多様化と量の増加により，より客観的に判断されるよう，廃棄物処理法が改正された。以前は，形状のみが判断基準であったが，さらに，場所と感染症の種類という判断基準が加わった。

① 形　状：血液や体液，またはそれらが付着したもの，病理組織や病理廃棄物，病原微生物に関連した実験，検査などに用いられたもの，またはそれらが付着したもの，等。例えば，血液の付着したガーゼや紙くず，使用した注射針，培地，シャーレ，エッペン，チップ，ゴム手袋などすべてが含まれる。

② 場　所：感染症病床，病原微生物に関連した実験室などにおいて治療，検査，実験などに使用されたもの，等。

③ 種　類：感染症法には，1類～5類，指定感染症，新感染症などの分類が

あり，その分類に従い対象が決まる。例えば，病室から出る紙おむつの場合は，特定の感染症の場合に限り感染性廃棄物となる。

7.5 感染性廃棄物の処理および廃棄方法

感染性廃棄物は，廃棄物処理法や感染性廃棄物処理マニュアルにより，その処理方法や保管方法が規制されている。そして，感染性廃棄物を入れる容器には**表 7.2** に示すような**バイオハザードマーク**を付けることが義務付けられている。表 7.2 にあるように，バイオハザードマークには，黄，橙，赤色の 3 種類があり，一目で感染性廃棄物とその種類がわかるようになっている。

表 7.2 バイオハザードマークの種類

マーク	マークの色	表示	内容	容器の材質
	黄色	感染性注射針等	注射針，メスなどの鋭利なもの	耐貫通性のある堅牢な密閉容器
	橙色	感染性固形状可燃物 または 感染性固形状不燃物	エッペン，チップ，チューブ類，ガーゼなど固形状の可燃物またはガラス類などの固形状の不燃物	二重にして密封した丈夫なプラスチック袋
	赤色	感染性液状泥状物等	血液などの液状または泥状のもの	廃液等が漏洩しない密閉容器

感染性廃棄物の処理について，感染性廃棄物処理マニュアルにおいては，**滅菌消毒処理**をすることを原則としている。滅菌消毒処理には，つぎに示すような，焼却，**オートクレーブ**等の方法が用いられる。

感染性廃棄物の焼却処理は，病原菌の死滅や関連する感染性廃棄物の非感染化には有効な手段の一つである。もちろん，一般廃棄物に対する減容化，安定化などと同じ効果も当てはまる。例えば，かつては病院ごとに焼却炉を備えて院内処理をしていたケースも多く見られた。しかし，廃棄物の多量化に伴う処理の困難さが増加し，器具や容器素材の多様化による焼却処理に伴うダイオキ

シンの発生など，新たな汚染問題も現れてきている。そのため，例えば国立病院では 1998 年からは院内焼却処理を行わず，すべて業者委託で処理をするようになっている。

オートクレーブとは，加圧蒸気による滅菌方法であり，生物系の実験や手術に使用する器具や培地などの滅菌のために通常用いられる滅菌方法である。一方，小規模な実験室から排出される感染性廃棄物の滅菌処理としても非常に有効な方法である。しかし，多量な感染性廃棄物に対応するためには，装置や処理時間，コストの面から問題も多い。また，反応性の高い化学薬品が含まれている廃棄物処理にも向かない。

以上のほかにも，電磁波を用いて発熱させ処理する方法や溶融させる方法なども行われている。

7.6 今後のバイオハザード対策

ここまで，バイオハザードに関する環境安全について触れてきたが，何よりも必要なのは，通常の化学薬品の使用や廃棄と同様に，実験や医療に携わる個人が，十分な知識と理解を持つことである。バイオハザード対象物のずさんな管理と処理により，例えば，使用済み注射針によるケガやそれに伴う感染事故，不法投棄など，環境に与える影響は，通常の化学薬品と比べ，エイズや肝炎といった感染の恐れなど，新たな危険性を生み出している。もちろん，遺伝子組換え体の予期せぬ拡散も含めてリスクは非常に大きいものとなってきている。現状の対応策が，法制度も含めて完璧なものとは言い難く，また今後の技術発展に対応した新しい処理方法が求められてくるのは必定である。したがって，より厳格な処理方法や新たな規制が検討されることになる。

8. 環境保全技術

　地球環境を考えるサミットがブラジルで最初に開催されたのは1992年のことであった。この会議では，"持続可能な開発"という標語を掲げて地球環境と経済発展の両立を推進するための行動指針を国際社会に提案することを目標とした。そして，ここで採択された**アジェンダ21**は，21世紀の扉を開き人類が「地球環境の保全と管理の具体的な実施」へと行動を起こすための指針であった。

　それから10年後の2002年に南アフリカで開催された**地球サミット**では，『わたしたちはこの苦境から脱する道を10年前にリオデジャネイロで開催された地球サミットで達した合意によって見いだしたかに見えた。しかし，その後の進展はわたしたちが期待したよりも遅かった。』『今わたしたちは，これをただすチャンスを再び与えられた。』〔アナン国連事務総長の言葉より；出典：外交フォーラム第170号〕という表現で語られたように，地球規模で行われている開発というプロジェクトの大きさの算定を誤ったことで，10年間取り組んできた地球環境の保全と管理という命題の解決策はほとんど進展していないのが現状である。

　本章では，地球環境への新たな取組みに向けた"持続可能な開発と発展のための環境保全技術"について述べる。

8.1　アジェンダ21

　アジェンダ21とは，1993年2月に出された**リオ宣言**を実施するための行動プログラムであり，環境と開発に関して以下に示す4分野，40テーマが取り上げられている。

　① 社会的経済的側面

② 開発資源の保護と管理
③ 各主体の役割とあり方
④ 実施手段

国連もこのアジェンダ 21 を推進していくため，経済理事会のもとに**持続可能な開発委員会（CSD）**が設置され，実施状況の点検がなされている。さらに，1997 年に**国連環境特別総会**が開催され，アジェンダ 21 のさらなる実施のためのプログラムが採択されている。わが国は，この会議で地球温暖化防止総合政策（**グリーンイニシアティブ**）という技術開発と技術移転に関する国際協力のアクションプログラム（行動計画）を提唱している。

科学的な側面から，これらの行動計画を眺めると，「健康の保護と促進」，「大気保全」，「有害化学物質の環境上健全な管理」，「有害廃棄物の環境上健全な管理」，「一般廃棄物の環境上健全な管理」，「生物多様性の保存」，「陸上資源の管理」，「ぜい弱な生態系の管理」，「持続可能な農業と農村開発の促進」，「持続可能な開発のための科学」などへの対応が求められている。

これら行動計画のうち，環境保全技術に関連する項目は，"地球生態系の安全管理"と"化学物質の安全管理"という二つのキーワードでまとめることができる。アジェンダ 21 のさらなる実施のためのプログラムとして以下の項目があげられる。

① 大気保全の環境対応技術
　　エネルギーの開発・効率性および消費
　　オゾン観測システムの拡充
　　安全で環境に優しい製品の開発能力の強化
② 環境汚染・危険物からの健康リスクの低減
　　汚染抑制技術と汚染抑制能力の開発
③ 有害化学物質の環境上健全な管理
　　化学物質のリスクとその国際的な評価の促進
　　曝露と疫病発生に関する研究の促進
　　毒性学的研究の促進

④ 有害廃棄物の環境上健全な管理

　　有害廃棄物の排出防止および最小化の促進

　　有害廃棄物の健康および環境へ与える影響に関する情報

⑤ 水と持続可能な都市開発

　　都市用水資源の管理と持続的発展

　　生活・産業用水としての持続的水資源の供給確保

⑥ 陸上資源の管理と環境対応技術

　　水資源・水質・水生生態系の確保

⑦ 一般廃棄物の環境上健全な管理

　　再利用・回収利用に関する情報および研究活動

　　廃棄物に関連する汚染抑制・管理プログラムの作成と管理

なお，アジェンダ21をふまえて企業が環境保全に対応した産業活動を行うときに，支援技術を体系化すると，**環境管理技術，環境保全処理技術，環境負荷低減技術，環境情報システム化技術**という四つのカテゴリーに分類される。

8.2　持続可能な発展のための産業支援技術

　20世紀までの産業技術は，"先進諸国と呼ばれてきた20％足らずの人々の生活向上"と"その人達の経済の発展のため"という点に重点が置かれてきた。ところが，21世紀に入り地球規模で物事をとらえ，考えなければならない時代となり，経済の発展と地球環境の保全とを両立させる産業の支援技術が必要とされるようになってきた。

　このような21世紀型産業が必要とする技術は

① 製品から眺めた**ライフサイクルアセスメント（LCA）**

② 地球生態系への負荷と地球の再生能力のバランス

③ 化学物質のハザードが内包する生態系や人の健康への影響の最小化

等を考慮したものである。また，産業活動を行うための環境管理技術や実際に環境保全を技術的に可能とする環境保全処理技術，環境負荷低減技術をより強

く意識したものでもある。

8.3 環境管理技術

環境管理のための国際規格が重要であることから，**国際標準化機構**（International Organization for Standardization；**ISO**，1947 年設立）に国際規格制定の要請がなされ，この機構（ISO）が環境 ISO の規格作りを行った。なかでも，**ISO 14001** は，企業が確立し維持しなければならない環境マネジメント（管理）システムの国際基準の一つである。この要求事項の内容には，評価，管理，アセスメント，データ収集，データ管理，測定，汚染予測，地震予知，環境パフォーマンスなどというキーワードが含まれている。

8.4 環境保全処理技術

企業活動が行われるときには，化学物質による大気汚染や水質汚濁などの環境汚染が起こらないように有害化学物質を固定化することが重要である。どのような技術が開発されているのかについて，以下に解説したい。

8.4.1 大気汚染防止技術

燃焼施設での排ガス処理では，大気汚染防止法に定められている有害ガスの排出基準をクリアするための除去技術を適切に使用することが重要である。以下に，おもな除去技術を述べる。

（1）**ば い 塵**　電気集塵装置は，両極に直流高電圧をかけてコロナ放電を起こし，**ばい塵**をマイナスに帯電させてクーロン力により移動させ付着させるものである。バグフィルタは，フェルト製のろ布でろ過してばい塵を分離するもので高除去率で除去できる特長を有する。

（2）**硫黄酸化物**　硫黄酸化物（SO_x）の除去技術には，湿式，乾式，半乾式があり，わが国では大部分が石灰スラリーなどのアルカリスラリーおよび

アルカリ溶液を用いる湿式法である。この方式では，**二酸化硫黄**を亜硫酸カルシウムとして吸収除去している。このほかにも，塩化水素やSO_xをばい塵とともに除去する方式として，炉内に炭酸カルシウム（$CaCO_3$）またはドロマイト（$CaCO_3 \cdot MgCO_3$）を吹き込む方式と，煙道内に消石灰（$Ca(OH)_2$）を吹き込む方式の乾式法がある。半乾式法は，消石灰スラリーを炉内に噴射し瞬時に乾燥させてドライパウダーを形成させ，集塵装置で捕集する方式であり，ばい塵，塩化水素，重金属類の同時高除去率が達成可能である。

（3）**窒素酸化物**　燃焼方法をできるだけ窒素酸化物（NO_x）が発生しにくい方法，例えば低空気比燃焼などに改善することが重要な要因である。さらに，排煙脱窒素プロセスとしては乾式のアンモニア接触還元法が多用されている。その他の乾式法として，アンモニアと活性炭を用いて脱硫・脱窒素を同時に行う処理システムが実用化段階にある。

8.4.2　ダイオキシン類の抑制除去技術

焼却炉の中でどのようにしてダイオキシン類は生成しているのであろうか。現在2通りの生成機構が推定されている。
① 塩素化芳香族類や塩素化不飽和化合物類（クロロベンゼン，クロロフェノール，ビニールクロリド類）がフライアッシュなどと接触して生成する。
② 塩素化合物の存在下，未燃焼炭化水素系物質と反応（**デノボ合成**）して生成する。

ダイオキシン類の抑制・除去技術としては，上記2通りの生成機構に対応した方法が用いられている。まず，①の生成機構への対処法としては，炉内温度の高温化と均一化，混合促進による低酸素域の解消，二次空気吹込みによる未燃焼分の解消などが効果的である。さらに，燃焼炉の改造，特に強制的に再燃焼を行う再燃焼タイプの炉や粒子状物質の炉内への堆積を減少させるような炉へとつくりかえることである。デノボ合成を抑制するためには，助燃装置や予熱工程の併用，停止時での急速冷却などの対応が効果がある。さらに，生成してしまったダイオキシン類を除去するための集塵装置の設置が非常に重要である。

8.4.3 廃棄物処理技術

社会生活が高度化し，経済活動が活発化されることにより廃棄物が多様化し，処理技術は複雑化してきている。4.5節でも説明したように廃棄物は**一般廃棄物**と**産業廃棄物**に区別されている。

（1）　一般廃棄物　わが国では，1人1日当り約1.1 kgの廃棄物を排出している。そこで，各自治体が工夫してゴミを収集しており，総量の約3％が資源ゴミとして回収され，70〜75％が焼却処理されている。ここでの問題点としては，埋立て処分対象のゴミの量が30数％に達することであり，各地で埋立て地の不足が問題となってきていることである。

（2）　産業廃棄物　産業廃棄物とは，事業活動によって生じてくる廃棄物のことであり，ペーパーレス時代に突入したにもかかわらず経済活動が活発化するにつれて増大してきている。そこで，つぎのようなことを考慮してこの産業廃棄物の低減と環境保全への努力が必要となってきている。

① 廃棄物の少ない製品の設計と生産方式の開発
② 廃棄物のリサイクル
③ 環境保全をはかるような処理，廃棄

ここで図8.1に産業廃棄物の内訳を示す。

また，特に危険有害性の高い**特別管理産業廃棄物**（**廃PCB**や**廃酸**など）は，法律により中間処理することが義務付けられている。

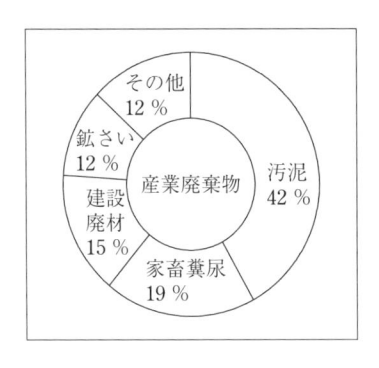

図8.1　産業廃棄物の内訳

8.4.4 PCB の処理技術

1997年に廃棄物の処理法が改正され，**ポリ塩化ビフェニル**（poly chlorinated biphenyl；**PCB**）の焼却処分に加えて化学的処理法が可能となった。化学的処理法としては，アルカリ触媒分解法，化学抽出分解法，カリウム・*tert*-ブトキシド法，接触水素化脱塩素化法，金属ナトリウム分散脱塩素化法などがある。

8.4.5 重金属廃液のフェライト安定化処理技術

全国の研究機関や大学の研究室で触媒などとして使用されている重金属類が，実験廃液中に混入していることが多々ある。このような実験廃液の処理法の一つとして，重金属イオンをフェライトの格子中に組み込むか，フェライトとの共沈複合体として取り除く**フェライト安定化処理法**が知られている。

8.5　廃棄物の越境移動

1978年におきたセベソ（イタリア）の化学工場の爆発事故では，生じたダイオキシンにより付近の土壌が汚染された。そして，この土壌が封入されたドラム缶が行方不明となり，数か月後に別の場所で発見されるという事件が起こった。

ここで，廃棄物の越境移動問題が大きくクローズアップされた。先進国から開発途上国へと汚染物質が移動することを規制するために，1989年に「有害廃棄物の国境を越える移動およびその処分の規制に関する**バーゼル条約**」が採択されている。その条約の概要は

- 対象となる有害物質の範囲の指定
- 越境移動の原則禁止
- 越境移動の際の手続き方法
- 環境上適切な管理方法
- 輸出国の責務

である。

8.6 環境負荷低減技術

環境への負荷を低減させる技術として，**リユース，リサイクル，エコマテリアル技術，省エネルギー技術**などが知られており，いずれの方法も**京都議定書**でうたわれている地球温暖化への寄与が大きい。

8.6.1 リユース・リサイクル技術

リユースとは，自転車やビン類のように回収し，修理したり洗浄したのちに再使用する技術であり，何度も原型のまま使用していくことに意義がある方法である。リサイクル技術は，以前から知られているように回収した物を再資源化し，原料の形にし，別の形の製品として利用することである。

2000年に**循環型社会形成推進基本法**が制定され，これからの社会の方向付けが行われた。この基本法では，ゴミを抑制する（reduce），再使用する（reuse），再生利用する（recycle），いわゆる**3R**を循環型社会の大きな柱としている。リサイクルに関しては，一連のリサイクル法を整備すると同時に，新たなリサイクル法を成立させ，資源の有効活用，廃棄物の減量を図っている。例えば，**容器包装リサイクル法**では，一般廃棄物の大半を占める容器包装廃棄物について，市町村による分別収集や事業者による再商品化を促している。また，家庭ゴミとして排出する家電製品については，1998年に制定された**家電リサイクル法**によって小売業者による収集，および運搬，製造業者による再商品化が義務付けられた。さらに，建設工事に関する資材の再資源化などについて定めた**建設リサイクル法**と**食品リサイクル法**が制定されている。食品リサイクル法は，年間100トン以上の食品ゴミ（食品廃棄物）を出す事業者に対し，5年以内に"20％の再資源化"を義務付けている。このほか，**自動車リサイクル法**が2005年に施行されたことなど，業界や製品ごとに適正なリサイクルができるように法律の整備が進められている。

8.6.2 ペットボトルのリサイクル

ペットボトルの"ペット"とは，ボトルの素材がPET，すなわちポリエチレン・テレフタレート（**PET**）製であるということであり，清涼飲料，酒類，食料品（しょうゆ，乳飲料等）用として多量に使用されている。例えば，**図8.2**に示すように2003年の1年間に生産されたペットボトルは約48万トン，うちリサイクル可能な指定ペットボトル（**リターナブルボトル**）は約44万トンで，このうち約27万トンが回収されており，回収率は約81％となっている。ペットボトルのリサイクルは，これまではマテリアルリサイクルが中心で，繊維，シート，ボトル（食品を除く），成形品などに再商品化されてきた。このうち繊維は，分別回収されてきたペットボトルを粉砕して溶かし，ポリエステル繊維などに再生され，Yシャツやユニフォームやフリースなどの原料となる。

2001年の法改正により，ペットボトルを化学的に分解して原料物質に戻し，

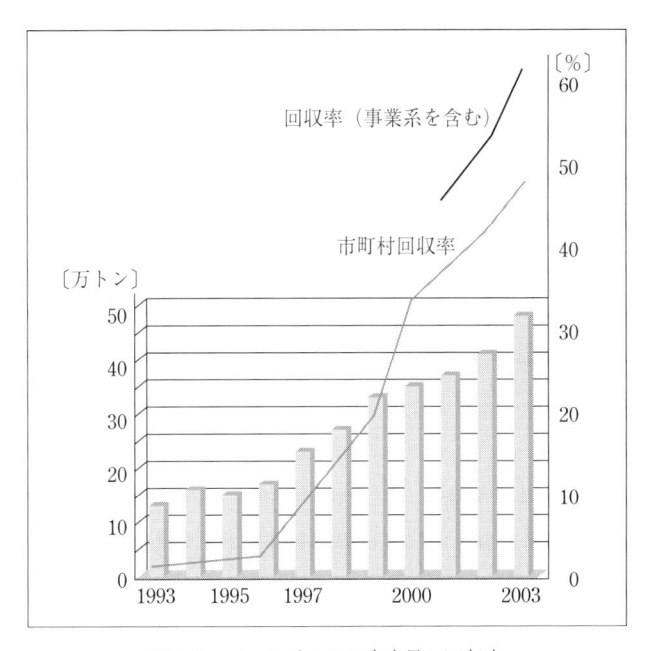

図8.2　ペットボトルの生産量と回収率

それから再びペット樹脂をつくる化学分解法もリサイクル手法として認められるようになった。飲料用として使ったペットボトルを再び飲料用のペットボトルにリサイクルする"ボトル to ボトル"のリユースが2004年に認可されている。

全世界では，ヨーロッパ諸国を中心に44か国が実施してリサイクルに取り組んでいる。**マテリアルリサイクル**が31か国，リターナブルボトルを実施しているのがドイツやオーストリア，ベルギー，タイ，フィリピンなど20か国ある。ただし，**リユース**されていると言っても，ヨーロッパで使用されるペットボトルは90万トン，その中でリターナブルボトルの量はヨーロッパ11か国（ドイツも含む）で9 000トンと，わずか1％にすぎないという。その困難さは，リターナブルボトルとして生まれかわるには，ペットボトルに付着した内容品の残さを除去しなければならないことにある。清涼飲料，酒類，しょうゆや乳飲料は，その内容品が水で簡単に洗浄でき，品質の良いペットボトルとして再生可能できるのに対し，油や化粧品等の洗浄は容易ではないことによると推測される。

8.6.3 アルミ缶

わが国でリサイクルがうまくいっている例の一つとして**アルミ缶**をあげることができる（図8.3）。原料のボーキサイトからまったく新しい地金をつくる時のエネルギー消費は大きいことが良く知られているが，回収されたアルミ缶から再生地金をつくるエネルギーはこの工程のたった3％しかエネルギーを必要とせず，97％ものエネルギーが節約可能であり環境に優しいシステムである。

8.6.4 エコマテリアル技術

地球環境への影響が少ない製品の開発は**LCA**（ライフサイクルアセスメント）に基づいて行われており，この製品開発では，材料にリサイクル品を一部で使用したり，環境への負荷が低減できるように材料が選択されているのが特徴である。これを，**エコマテリアル技術**と呼んでいる。エコマテリアル技術の

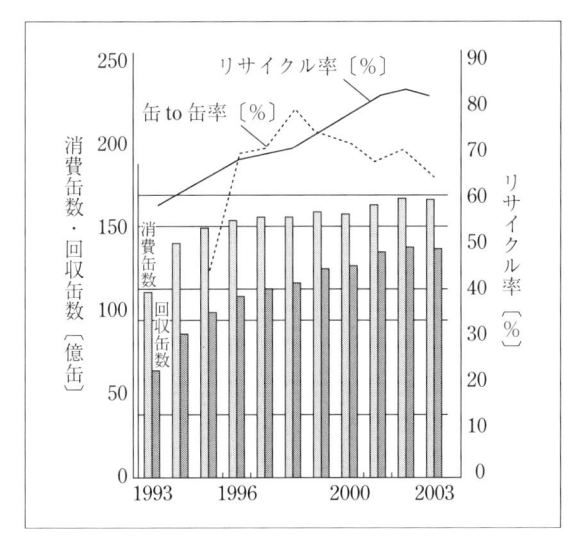

図 8.3　アルミ缶のリサイクル

基本的特性は，以下のようなことである。
① 持続可能な循環型社会に適合している
② 環境負荷削減に適合している
③ 人の健康を害さない

8.6.5　省エネルギー技術

　現在使用されている電気製品や自動車などの工業製品は，10年前の同じ性能の製品と比較すると運転に使用するエネルギーは数分の1になっており，省エネルギータイプと一般的には称されている。

（1）**地球環境の安全管理技術**　　特定の地域や国が地球環境の改善や向上に取り組むことは非常に大事なことであるが，国際的規模で環境を論議し，環境管理システムを構築することが最も重要なことである。

（2）**地球環境モニタリングシステム**　　地球環境の観測・計測を定期的に行い，環境状態を監視し，結果を評価して将来の変化を予測し，必要な処置を施すという一連の流れが**地球環境モニタリングシステム**と称されるもので，国

際的な協力なしには推進が難しいシステムである。

地球環境モニタリング組織は，1975年に**国連環境計画（UNEP）**内に設置され，人の健康と自然資源保護のために国際的な環境モニタリングが開始された。その後，1980年代に入るとオゾン層破壊が明らかになり地球温暖化問題が大きくクローズアップされた。さらに，酸性雨，熱帯雨林の砂漠化，野生生物種の減少等，さまざまな問題点が明らかとなってきている。日本でも環境省や自治体が大気汚染，酸性雨などのモニタリングを実施している。酸性雨のモニタリングでは，汚染発生源から百数十kmまでの局所的な汚染を把握する地域モニタリングと数百km以上離れた地域に拡散している影響を長期的視野に立って観測する**広域モニタリングシステム**がある。

国際的な地球環境モニタリングシステムとしては，つぎのようなものがある。

① **成層圏モニタリングシステム**

　人工衛星を利用した，オゾン層の分布，砂漠化，熱帯雨林の減少，広域海洋汚染の観測

② **海洋モニタリングシステム**

　重金属，有機塩素系物質の観測

③ **対流圏モニタリングシステム**

　酸性雨，二酸化炭素，クロロフルオロカーボン（フロン）などの温暖化効果ガスの観測

④ **生物モニタリングシステム**

　熱帯林の生態系，砂漠化，野生生物種の減少

8.7 リスクマネジメント（リスク管理）

有害物質によるリスクは，曝露量と個々の物質の有害性によって決まる。すなわち

$$\text{リスク} \propto \text{曝露量} \times \text{有害性}$$

で与えられる。有害性がどんなに大きくても曝露（摂取）しなければ，なんら

危険性は生じない。したがって、リスク管理は、曝露経路を念頭においた曝露量管理によって管理可能であるとの考えに基づき、さまざまな基準が設定されるのが普通である。これらの基準は、取扱い場所における作業環境基準値、製品やその部品における含有量、使用後の廃棄器物中の含有量、排出先である大気、水、土壌への排出基準値や環境基準値に反映されている。これらは、世界銀行や輸出入銀行が設定している基準値とも連動しており、これらの基準に従って取扱うことが求められている（**法令遵守，コンプライアンス**）。EU（ヨーロッパ連合）の環境法は、化学物質のリスク管理は、これらの法令を遵守することのみならず、より良い数値目標を設定して環境保全への努力を要請する性格を備えている。

8.7.1 環境リスク（健康リスク）

近年、革新技術による利便性、快適性、効率性を実現するため、資源とエネルギーを大量に消費することにより便益を享受する一方で、副産物としての廃棄物を十分な中間処理をせずに（管理しない状態で）環境（すなわち、大気・水・土壌）に排出するというスタイルの社会をつくり上げてきた。発電所・エンジン・廃棄物焼却等の燃焼過程や廃棄物の処分、食糧生産の過程で排出される大量の温室効果ガスや化学物質は、酸性雨、気候変動に象徴される地球環境問題を引き起こし、一方で発ガン性、変異原性など新たな健康影響を及ぼすに至っている。わが国における化学物質の環境リスクの概念が初めて法令に取り上げられたのは、**国連環境開発会議**（1992年、リオデジャネイロ）後の**環境基本法**（1993年）においてであった。この環境基本法では、**環境リスク**とは"化学物質が環境の保全上の支障を生じさせるおそれ"であるとされ、人と環境の両方に配慮することが求められた。

産業界は、**環境負荷**を軽減するために**PRTR活動**などを通じて環境・健康リスクに対処してきたが、必ずしも積極的ではなかった。2000年代に入り、S社がゲーム機をオランダ国へ輸出しようとして重金属含有量が高い部品を使用していることを理由に陸揚げ拒否を通告され、荷物は日本に戻された事件が発

生した。化学物質のリスク削減への対応（**リスク管理**）を欠くことは，企業にとって死活問題ともなる象徴的な事件であった。

この事件を契機として，**ELV/WEEE**（廃自動車指令/廃家電指令）への取組みが，多種多様な化学物質を大量に使用している機械・電気・電子業界で始まった。この EU 基準は，使用段階での曝露経路の管理だけでは不十分であるとして，製品含有量規制を行い，加えて廃棄物となった場合の取扱いまでを念頭において策定されたものであり，21 世紀の環境行政のモデルと考えられている。

8.7.2　リスク管理とリスクコミュニケーション

リスク管理とは，当該化学物質のリスク評価（リスクの発生源，伝搬，影響の推定とリスクの定量的大きさの判定）の結果に基づいて，リスクの削減，またはその未然防止のために，社会・経済的に適切な資源配分，手段・制度のさまざまな代替案を検討し，選択することである。

リスク管理を成功させるには，化学物質のリスク情報とその扱い方が周知されているかが最も重要である。化学物質を扱う事業所や研究所等の特定の集団内部では，比較的容易に情報共有が行われるが，製品・廃棄物中の化学物質のリスク管理には，環境当局（リスク規制者），事業者，専門家グループ，市民グループ，個人（消費者）がかかわるため，リスク情報を正確に共有するには多大な時間を要することが多い。

化学物質を取り扱う作業者・研究者は，最も高い曝露リスクにさらされている。しかし，そのリスクへの不安よりはるかに強い関心・興味が対象に向けられることは研究の世界ではありふれたことである。

このような場合，研究者が，研究に伴うリスクを予測することは容易ではなく，大量に使用される場合のリスクを予見することは簡単ではない。このことは，原子力（atomic），生物（biological），化学（chemical）（**ABC** と略称することがある）の，どの分野についても当てはまり，研究や事業の実施に伴って発生するであろうリスクに立ち向かうことになる。その潜在的・顕在的リスクを乗り越えて多くの発見・進歩がもたらされたのである。

X線の発見（レントゲン）やラジウムの単離（キュリー），インフルエンザウイルスとの闘い，DDTなど有機塩素系農薬やアスベストなど，発見・利用の初期において，そのリスクまで適正に評価することは容易であったであろうか。2005年に，有機フッ素化合物PFOSの製造・使用をめぐって，**米国環境保護局**（US Environmental Protection Agency；**USEPA**）がD社に対して多額の罰金を課した。このケースでの利害関係者の健康および環境リスクは，どのようにとらえるべきであろうか。みなさんで考えてみてほしい。

上に述べたABCの各先端分野は，情報の上流側にあり，比較的早く物質の持つリスクに注意が向けられてきた。情報の流れの下流，例えば，土木・建築分野，電気・電子分野ではどうであろうか。建築物に多用された揮発性有機化合物（VOCs）・アスベスト，電気・電子分野で利用される猛毒の半導体合成用ガスなど，利用者（製品供給者）が受ける潜在的リスクを見過ごしたために，多くの労働者・利用者の事故は枚挙に暇が無いのが実情である。

リスクコミュニケーションは，環境事犯の解決から予防にわたる広い範囲で行われているが，その手法に過大な期待をするべきではない。環境事犯が大きければ大きいほど多くのステイクホルダー（利害関係者）がおり，かつ法令に関する理解を含めて，関係者が有する情報レベル，到達目標（どのレベルをもって解決とするのか），コミュニケーション能力（プレゼン能力）等々，大きな差があるためである。また，解決までの時間，発生する経費の分担，についても意見は大きく分かれることが多い。さらに，弁護士等が間に入る際にも，彼らは化学物質や技術に疎いことが多いため，時間を浪費することになりやすい。

環境事犯の当事者（事業者）が，すでに解散している場合には，税金で処理せざるを得ないケースも生じる。そのような逃げ得を許さない法律の例が，いわゆる**スーパーファンド法**（Comprehensive Environmental Response, Compensation and Liability Act, **包括的環境対処補償責任法**；米国）である。これは，環境事犯発覚以前にさかのぼって利害関係者，特に投資家（機関・個人），銀行，過去の所有者にまでその責任を問う制度である。環境修復は，連邦経費によりUSEPAが実施し，これらの利害関係者に経費負担をさせるの

である。日本の制度設計では，このような遡及効果のある法律はない。結果的に，環境汚染には税金が投入されることになる。

どのようなリスク情報と意見が，一般市民レベルで共有されるべきであろうか？　**米国国家研究委員会**（National Research Council；**NRC**）は，リスク管理の代替案を特に一般市民が選択できる環境条件として以下の項目をあげている。

① 当該代替案がもたらすリスク事象の性質と便益の性質に関する情報
　　曝露量，損失・被害の大きさと分布に関する自然科学，環境科学的評価
② リスク削減のための可能な代替案の効率，公平性，費用に関する情報
　　現状維持案も含めた工学，社会科学からの評価
③ 上述のリスクと便益の知識の不確実性に関する情報
　　データやモデルに関する仮定や前提条件，感度，信頼度の評価
④ マネジメント自体に関する情報
　　管理者，管理組織，法的制度，資源（人，資金）の制約などの評価

問題はこのようなリスク情報それ自体が実はしばしば，不十分で，不確実なことにある。一方，個人や団体，組織の倫理規範に頼るにはおのずと限界があろう。

8.8　法制度によるリスク管理

8.8.1　環境基本法

地球環境問題の深刻化に見られるように，従来の枠組みだけでは環境問題の解決に向けた適切な対応ができなくなってきたことを背景として，わが国においても従来の公害対策基本法を廃止して，1993年に環境基本法が制定された。環境基本法の理念は，以下に掲げるように，地域の環境汚染防止のみならず，より良い地球環境をつくり出していくことである。

・第3条　環境の恵沢の享受と継承
・第4条　環境負荷の少ない持続可能な社会の構築
・第5条　国際協調による環境保全の積極的推進

この環境基本法に基づいて翌 1994 年に循環, 共生, 参加, 国際的取組みを柱とする環境基本計画が作成された。しかしながら, 環境基本計画には効果を客観的な数値で評価する数値目標や工程表は盛り込まれていない。ここで注目するべき点は, それまでの事前規制から事後チェックへ環境行政のスタンスが変わったことである。すなわち, 規制法から促進法へと大きく転換したのである。

8.8.2 環境汚染物質排出および移動登録

環境汚染物質排出および移動登録, 通称 **PRTR**（Pollutant Release and Transfer Register）という定義は, **経済協力開発機構（OECD）**によれば排出または移動される有害な汚染物質の目録あるいは登録簿であり, 潜在的に有害な物質として数多くの化学物質がリストにあげられている。この仕組みは, 使用している物質の年間使用量または使用計画量, 大気や排水への排出量を事業所単位で集計し, 地方行政府などへ報告（登録）を行い, それらの集計結果を行政が公表する制度である。企業などによる有害物質の自主管理を促進するとともに, 行政による環境政策に役立てることが狙いである。OECD では加盟各国に対し, その取組み状況の報告を求めており, 日本でも, 1998 年から PRTR 制度が始まった。集計された排出量をもとに, 地域における個別の物質ごとにリスクレベルを評価できる手法が化学工業協会によって公開され, ホームページも開設されている。

米国では, **USEPA** が集計し, 事業者ごとの排出量が公表され, 市民が請求すればより詳しい情報を得ることができる。また, インターネット上でも事業所の位置や排出物質情報を得ることができる。米国における PRTR 制度は, 情報公開法の下に実施されており, 公開が原則である。また, 公開に関連する NGO 活動もさかんである。

8.8.3 有害物質排出規制

PRTR 制度の制定と前後して, 作業環境基準や環境（大気, 水, 土壌）への排出基準が見直され, 項目の追加（セレン, ダイオキシン等）や強化（フッ

素,ホウ素等)が行われた。その規制値については本書別項を参照いただきたい。各事業所は,これらの基準を遵守して作業を実施することにより,健康とともに環境保全に寄与することが求められている。

8.8.4 土壌環境回復

土壌汚染対策法が2002年2月に施行されてから,土地取引には土壌汚染の有無を確認することが義務付けられた。重金属を含め,28項目の溶出基準と無機系成分93項目の含有基準が指定されている。土地の利用形態に関係せず,しかも全国一律基準となっている。ドイツ連邦土壌保護令における化学物質の土壌含有量の基準値を**表8.1**に比較した。

表8.1 化学物質の土壌含有量の基準値

〔ppm〕

	子供の遊び場	住宅地	公園・余暇施設	産業用地	土壌汚染対策法
ヒ素	25	50	125	140	150
鉛	200	400	1 000	2 000	150
カドミウム	10	20	50	80	150
シアン化合物	50	50	50	100	50
クロム	200	400	1 000	1 000	250*
ニッケル	70	140	350	900	N/A
水銀	10	20	50	8.0	15**
セレン	N/A	N/A	N/A	N/A	150
フッ素	N/A	N/A	N/A	N/A	4 000
ホウ素	N/A	N/A	N/A	N/A	4 000

* 六価クロム, ** 総水銀, N/A:記載なし

日本の法令では,地目・用途に関係なく,一律基準となっているのに対し,ドイツ連邦基準は用途に応じた値が設定されている。また,セレン・フッ素・ホウ素がドイツ連邦法で,ニッケルが日本の法令でそれぞれ設定されていない。これらは土地履歴・利用の歴史を反映したものと思われる。今後,わが国でもきめ細かな基準値が設定されるであろう。

土地を売却・譲渡等の取引に当たっては,この基準値を超過する場合,重要事項として取扱う必要がある。

8.9 国際社会におけるリスク管理

8.9.1 国連環境計画の活動

地球上には，約180の国・地域があって，それぞれ異なる環境問題を内包しているが，環境問題は国連 United Nations の総会および経済社会理事会のもとに置かれた**国連環境計画**（United Nations Environmental Programme；**UNEP**），**国連開発計画**（United Nations Development Programme；**UNDP**），**世界保健機関**（World Health Organization；**WHO**），**国際労働機関**（International Labour Organization；**ILO**）等が協同で世界の環境・保健問題にあたっている。UNEPの活動結果は，欧州議会による環境関連法等に順次取り入れられており，2006年7月施行予定の **RoHS 規制**（EUが実施する鉛，カドミウム，6価クロム，水銀，ポリブロモビフェニル，ポリブロモジフェニルエーテルの6物質に対する規制）はその一つである。

8.9.2 ロンドン条約

ロンドン条約は廃棄物およびその他の物質の海洋投棄による海洋汚染の防止に関する条約で，1972年8月の国連人間環境会議で準備され，1975年8月に発効した。この条約は，第一に揮発性有機化合物や水銀等の海洋投棄の絶対的禁止，第二に鉛，銅，亜鉛等の海洋投棄は特別許可を得た場合に限り可能とし，第三にそのほかの物質は一般許可のある場合にのみ投棄できるとした。ただし特別許可および一般許可に対する発給基準を設定する際に，投棄物質の形状や性質，投棄場所の水深や陸からの距離，中間処理方法等を考慮しなければならないと定めている。わが国は1973年8月22日に署名，1980年11月14日に発効した。なお，わが国の**海洋汚染防止法**（1970年）は，1978年に**海洋汚染・海上災害防止法**と改められ，さらにこの条約の批准を機に1980年に一部改正された。

8.9.3 バーゼル条約

バーゼル条約は**有害廃棄物の越境移動**およびその処分の管理に関する条約である。有害廃棄物の国際間越境移動は，1970年代からしばしば行われてきたが，有害廃棄物の処理能力のない途上国においてこれが放置されることになると，環境上看過できない被害を生じることが懸念されていた。特に1978年7月のセベソ（イタリア）の化学工場爆発によって生じたダイオキシン汚染土壌が，1982年9月から翌年5月にかけて，フランスで発見されるまで行方不明になった。さらにその引取りをイタリア政府が拒否したことがこの問題への国際的関心を集めた。1982年以降，UNEPで有害廃棄物の越境移動の適切な管理枠組みが検討され，1989年3月のバーゼル（スイス）の外交会議で本条約が採択された。この条約は，放射性物質と海洋汚染防止条約の対象物質を除く有害廃棄物で，条約付表で特定するものを対象とするとともに，これら有害廃棄物の処分がその発生国内で行われることを原則とし，人の健康と環境に有害な態様での越境移動の防止と，移動の場合無秩序にならないよう輸出国から輸入国への事前通報および許可の制度を確保することを目的としている。不適法な輸出の場合で，倒産などの理由で輸出者が不明または引取りを拒否するときの責任に関して，あくまでも民間業者間の契約に基づくものとする先進国と，最終的な国家の責任は免れないとする途上国とに対立があり，条約では途上国の主張に近付く形でまとめられた。

バーゼル条約では規制される廃棄物のカテゴリーが決められているが，ダイオキシンを含むゴミ焼却灰，臭素系難燃剤の扱いなど，わが国の法令にも取り入れられていない項目も多く，国際社会の後を追いかけている。

8.9.4 介入権条約

介入権条約は，イギリスのシリー諸島におけるタンカー，**トリー・キャニオン号座礁事故**を契機に，**政府間海事協議機関（現国際海事機関；IMO）** によって招集された海水汚濁損害に関する国際法律会議で採択された（1989年11月，ブリュッセル）。同時に採択された**油濁民事責任条約**（1975年8月19日

発効）を**私法条約**と呼ぶのに対し**公法条約**とも呼ばれた。正式名称は，油濁事故の際の公海上における介入権に関する条約と言い，1975年5月8日に発効した。イギリスはトリー・キャニオン号事件に際して公海上の外国船に対して爆沈に至る強力な権力行使を行った。この条約によって締約国は，大規模の有害な結果を予測できる海難や，それに関係ある行為によって，油による海水の汚染やその脅威がある場合に生じる自国沿岸に対する重大かつ急迫した危険を防止，軽減，除去するために必要な措置を公海上でとることができることになった。わが国の海洋汚染・海上災害防止法は，海上保安庁長官にこの権限行使を認めている。

8.9.5　海洋汚染防止条約

1954年，**海水汚濁防止条約**によりタンカーなどによる故意の油排出による海水油濁防止のため，一定の船舶からの油と油性混合物の排出を50海里以内の海域で禁止とされた。これは，1989年にすべての海域で排出を禁止する等改正された。わが国の1970年海洋汚染防止法は，1989年改正条約を考慮して制定されたものである。汚染物質は油に限られていたが，船舶が原因となって生じるすべての汚染の防止を図るべく，1973年11月全面改正された海洋汚染防止条約を採択した。これには油とそのほかの有害物質ごとに五つの付属書が付されており，船舶に起因する汚染防止の総合的条約となっている。1978年には同条約の規制内容を強化し早期実施を図るため，議定書が採択された。

8.9.6　環　境　援　助

世界的な環境問題に対する関心の高まりから，開発協力でも環境援助の比重が著しく増大している。開発途上国でも，急速な工業化・都市化とともに，生態系の悪化，環境破壊が進んでいる。途上国の環境破壊のおもな原因として，現在の国際秩序の中では北の先進国と南の途上国の置かれた立場が不平等であること，南で広範に見られる貿易赤字，債務，失業や潜在的失業，貧困層の増大とともに，天然資源を大量消費していることがあげられる。こうしたことか

ら「持続可能な開発」への協力が，国際開発の主要な議題として提起されるようになった。日本政府は1989年の**アルシュ・サミット**（**先進国首脳会議**）で1989～91年の3年間で3 000億円程度の環境援助を行うことを表明し，1991年までにはこれを超過達成（約4 075億円）したが，1992年にブラジルで開催された国連環境開発会議では，1992年から5年間で9 000億円から1兆円の環境援助を実施する（この期間におけるODA総額の6分の1～7分の1）と公約した。環境関係の協力の内容として，ODAの無償ベースでは環境保全や公害防止，造林，砂防等の技術協力や研究・研修センターの設立があり，有償（借款）ベースでは植林，都市部のゴミ処理・下水道の整備，洪水防御等のプロジェクト援助などが行われた。また，**UNEP**や**GEF**（**地球環境ファシリティ**）への拠出等の国際機関への協力がある。

最も重要なことは，先の地球サミットで採択された行動計画アジェンダ21に沿ったわが国の行動計画の策定（1993年7月の東京サミットで確認された），環境基本法や環境アセスメントの制定・実施，海外でのODA事業や民間投資での環境アセスメントや環境保全努力であろう。

8.9.7 生物多様性保護

地球上には記載されているものだけで140万～170万種，未知のものを含めると推定500万～3 000万種の生物が生息していると考えられている。ところが，生息環境の破壊や悪化，乱獲，侵入種の影響など人為的な要因により，野生生物種の多様性は急激に減少しつつあり，種の絶滅速度は，毎年平均4万種に達すると推定されている。これを狭義にとらえれば，人間が利用可能な資源としての生物資源の質的な減少を意味し，食料や衣料品のみならず医薬品の開発や農産物の品種改良のための潜在的資源としての遺伝子プールが縮小していることになる。広義に解釈すれば，地球環境そのものが小はDNA（遺伝子）から大は生態系まで，多様な生物が形成するさまざまなネットワークとその相互作用によって維持されている以上，生物多様性の急速な減少が環境改変の要因となるのは不可避であろう。生物多様性保全のための包括的国際条約に生物

多様性条約があるが，この条約では生物多様性を生態系，生物種，遺伝子の三つのレベルからとらえ，"各構成要素の持続的利用"と"遺伝子資源から得られる利益の公正で公平な分配"を目的に掲げている。野生生物種の保護のための多国間条約には，絶滅のおそれのある野生動植物の種の国際取引きに関する条約（通称，**ワシントン条約**），特に水鳥の生息地として国際的に重要な湿地に関する条約（通称，**ラムサール条約**）がある。また，国際自然保護連合（IUCN）は，絶滅の恐れのある動植物をリストアップした**レッドデータブック**を1998年から発行している。

1998年4月には，北米，オーストラリア，アフリカ南部をおもな調査地域としてコケ類以外の陸上植物約27万種を調査した**レッドリスト**が発表された。これによれば，その8分の1が絶滅の危機に瀕している。おもな原因は，開発による生育地の減少と，外来種の侵入であると考えられている。植物は地球上の生物が生きていくうえでの基本であり，食物や繊維を提供するばかりでなく，その遺伝子資源は新しい医薬品や農作物の開発にも欠かせないためさらに詳しい調査が進められている。

8.9.8 生態系回復プログラム

熱帯雨林の消失速度は，近年大きくなっており，世界最大の熱帯雨林地域であるアマゾン川流域では年間約2万km^{2}に達している。ブラジル政府は，違法な森林伐採等に対する罰則を強化した**環境犯罪取締法**を導入し，自然破壊に歯止めがかかる効果を期待している。この法律では，野生の動植物の採取・捕獲や自然破壊，文化財の損傷行為は環境犯罪にあたると位置付け，違反者には高額の罰金や禁固刑が科せられることになった。

米国ノースカロライナ州では，火力発電所の冷却水の取水用に利用してきたダム（幅8.0m，高さ2m）を破壊し，もとの自然の川に戻す試みが始まっている。取り壊しが検討されているダムは全米で約10か所にのぼる。その撤去費用は，所有者負担を原則としており，環境回復にかける決意は固い。全米には現在，約75 000のダムがあるが，そのほとんどが民間所有の小規模ダムで

ある。壮大な実験が始まったばかりであり，今後の動きに注目したい。

8.10 GHS

化学品の分類および表示に関する世界調和システム（Globally Harmonized System of Classification and Labelling of Chemicals；**GHS**）は，これまで国やセクターにより用いられていた表示法を改め，世界的に統一された表示基準である。2003 年に国連から発出され，2006 年中（アジア太平洋諸国は 2008 年中）を目標に，国際的に導入を進めている。

GHS で分類・表示されるものは，爆発性，引火性，急性毒性，発ガン性，水生環境有害性などであり，それぞれに危険の程度に応じたシンボルマーク（絵表示）と「危険」または「警告」という注意喚起のための表示などが決められている。

GHS により期待される効果

GHS により期待される効果としてつぎのようなものがあげられている。
1. 危険有害性の情報伝達に関して国際的に理解されやすい仕組みを導入することで，人の健康と環境保護や保全が強化される
2. 世界各国で国際的に承認された枠組みを共通に使用可能
3. 化学物質の試験および評価が国際的に統一されるので無駄がなくなる
4. 危険有害性が国際的に評価・確認されるため，それら化学品の国際間取引きが促進される

〔出典：GHS, United Nations, New York and Geneva, 2003〕

引用・参考文献

1) 木代　修：化学と工業，**51**，p.1884，日本化学会（1998）
2) 環境省地球環境部編：三訂地球環境キーワード事典，中央法規（1998）
3) 環境省編：平成18年度版環境白書（2006）
4) 日本エネルギー経済研究所計量分析ユニット編：エネルギー・経済統計要覧，（財）省エネルギーセンター（2005）
5) 小林四郎：高分子，**48**，p.124，（社）高分子学会（1999）
6) T. Kitazume, K. Kawai, T. Nihei, N. Miyake, J. Fluorine Clem. **126**, pp. 59-62（2005）
7) 玉浦　裕，北爪智哉，辻　正道，原科幸彦，日野出洋文，関口秀俊：環境安全科学入門，講談社サイエンティフィク（1999）
8) 環境監査研究会：環境監査入門，日本経済新聞社（1996）
9) 茅　陽一監修，オーム社編：環境年表98&99，オーム社（1996）
10) 環境庁水質保全局廃棄物問題研究会編：三訂図説廃棄物処分基準，中央法規（1996）
11) 白石次郎ほか訳編：化学物質総合安全管理のためのリスクアセスメント・ハンドブック，丸善（1998）
12) 保田仁資：やさしい環境科学，化学同人（1996）
13) 河合真一郎，山本義和：明日の環境と人間，化学同人（1998）
14) 柘植秀樹，荻野和子，竹内茂彌編：環境と化学，グリーンケミストリー入門　東京化学同人（2002）

索引

【あ】

悪性中皮腫　　　　　　　　60
亜酸化窒素　　　　　　　　5
アジェンダ21　　　　75,131
アスベスト　　　　　　　60
アトムエコノミー　　42,43
アトムケミストリー　　　42
アメリカ産業衛生専門家
　　会議　　　　　　　　69
アルキル硫酸ナトリウム　91
アルシュ・サミット　　152
アルミ缶　　　　　　　140
安全実験室　　　　　　127

【い】

硫黄酸化物　　14,18,82,83
一次汚染　　　　　　　　87
1日摂取許容量　　101,103
一律基準値　　　　　　103
一般廃棄物　　　　　77,136
遺伝子組換え　　　　　　93
遺伝子組換え農作物　　119
遺伝子不分別　　　　　122
移動発生源　　　　　　　84
医療廃棄物　　　　　　127
陰イオン性界面活性剤　　91
インパクトスコア　　　　52

【う】

ウィングスプレッド会議
　　　　　　　　　　　117

【え】

影響アセスメント　　　　51
影響確率　　　　　　　　51
影響相関図　　　　　　　51
エコタウン運動　　　　　34

エコマテリアル技術
　　　　　　　　　138,140
エタノール発酵　　　　　28
越境移動　　　　　　　　23
塩素系有機溶剤　　　　　87

【お】

オゾン層　　　　　　　　9
オゾン層破壊係数　　　　12
オゾン層破壊現象　　　　82
オゾン保護法　　　　　　11
オゾンホール　　　　　　9
オートクレーブ　　　　129
温暖化ガス　　　　　　　82

【か】

海水汚濁防止条約　　　151
害虫耐性　　　　　　　120
介入権条約　　　　　　150
海洋汚染　　　　　　　　22
海洋汚染・海上災害防止法
　　　　　　　　　　　149
海洋汚染防止法　　　　149
海洋モニタリングシステム
　　　　　　　　　　　142
化学安全データシート　　76
化学的酸素要求量　　　　90
化学品の分類および表示に
　　関する世界調和システム
　　　　　　　　　　　154
化学薬品　　　　　　　　68
　──の引火性　　　　　73
　──の発火性　　　　　72
囲い式フード　　　　　　66
化審法　　　　　　　　　74
学校保健法　　　　　　　53
活性汚泥菌　　　　　　　36
家電リサイクル法　　　138

カドミウム　　　　　　　88
環境影響評価　　　　　　42
環境汚染物質　　　　　　79
環境汚染物質排出および
　　移動登録　　　　75,147
環境管理技術　　　　　133
環境基準　　　　　　83,87
環境基本法　　　73,79,143
環境指数　　　　　　　　49
環境情報システム化技術
　　　　　　　　　　　133
環境調和型プロセス　　　25
環境犯罪取締法　　　　153
環境負荷　　　　　　　143
環境負荷低減技術　　　133
環境保全処理技術　　　133
環境ホルモン　　　　　　93
環境リスク　　　　　69,143
乾性沈着　　　　　　　　18
感染性廃棄物　　　　　127
管理区分　　　　　　　　64
管理濃度　　　　　　57,64

【き】

危機管理　　　　　　　　22
危急種　　　　　　　　　23
危険有害性情報提供制度　70
気候変動枠組み条約締約国
　　会議　　　　　　　　7
基準実験室　　　　　　127
キシリトール　　　　32,39
キシロース　　　　　32,39
揮発性有機塩素系物質　　6
牛海綿状脳症　　　　　119
急性毒性　　　　　　　　70
供給熱量自給率　　　　　94
狂牛病　　　　　　　　119
京都議定書　　　　　7,138

索　引

局所排気装置	66	高分子化合物	36	【し】	
近絶滅種	23	公法条約	151	シアン	88
		枯渇性資源	27	自給率問題	99
【く】		呼吸用保護具	66	資源循環型システム	25
グリセリン	31	国際海事機関	150	資源の枯渇	1
グリーンイニシアティブ	132	国際化学物質安全性計画	114	持続可能な開発委員会	132
グリーン化プロジェクト	24	国際自然保護連合	23	持続可能な社会	50
グリーンケミストリー	25	国際食品規格	101	シックスクール症候群	81
グリーンプロセス	49	国際標準化機構	134	シックハウス症候群	81
クリーンルーム	127	国際労働機関	149	湿性沈着	18
黒い森	17	穀物自給率	95	自動車リサイクル法	138
グローブボックス	66	国連開発計画	149	脂肪酸	31
クロム鉱さい	87	国連海洋法条約	22	私法条約	151
クロロフルオロカーボン	5	国連環境開発会議	75, 143	試薬	68
くん蒸剤	108	国連環境計画	10, 20, 142, 149	重金属廃液	137
				受動喫煙	81
【け】		国連環境特別総会	132	種の起源	19
経済協力開発機構	75, 95, 147	固定発生源	84	循環型社会形成推進基本法	138
劇物シール	77	小麦	94	省エネルギー技術	138
健康障害	59	コレステロール	40	上限値	101
健康リスク	143	コンプライアンス	143	情報開示	26
原子効率	42, 47, 49			食中毒	112
検出限界	63	【さ】		食品衛生法	100, 101
建設リサイクル法	138	細菌性食中毒	113	食品添加物	110
		再生可能資源	2	食品リサイクル法	138
【こ】		作業環境	53	植物ホルモン	105
広域モニタリングシステム	142	作業環境因子	54	食物アレルギー	93
		作業環境管理	60	食物摂取	93
公害対策基本法	79	作業環境許容濃度	69	食料自給率	94
光化学オキシダント	6	作業環境測定	57, 61	食料事情	96
公共用水域	88	作業環境評価基準	58	除草剤耐性	120
工業用デンプン	28	作付面積	96	シンプルケミストリー	25
光合成	19, 86	砂漠化	2, 18		
黄砂	24	サルモネラ	112	【す】	
合成抗菌剤	110	酸化チタン	40	水酸化ラジカル	12
抗生物質	110	産業廃棄物	77, 136	水質汚染	88, 93
酵素重合	36	酸性雨	16, 84	水質汚濁性農薬	89
耕地利用率	99	酸性度	16	水質汚濁防止法	88
高度安全実験室	127	酸性霧	84	水質総量規制	88, 89
高度不飽和脂肪酸	41	酸素欠乏	55	水生生物調査	89
高濃度曝露	59	酸素ラジカル	9	スコアリング法	52
高病原性鳥インフルエンザ	118	残留基準	102	スーパーファンド法	145
高分子	37	残留農薬基準	100, 101		

【せ】

青果物	100
成層圏	10
成層圏モニタリングシステム	142
政府開発援助	85
政府間海事協議機関	150
生物エアロゾル	82
生物化学的酸素要求量	90
生物農薬	106
生物モニタリングシステム	142
生分解性	30
生分解性ポリマー	35
世界保健機関	114, 149
石油資源	2
石油代替燃料	85
絶滅危惧種	23
セリシン	42
セルロース系バイオマス	32
先進国首脳会議	152
船底塗料	91

【そ】

総合食料自給率	98

【た】

第1管理区分	64
第1評価値	64, 65
ダイオキシン	88
大気汚染	81, 93
大気汚染物質	6
大気汚染防止法	82
第3管理区分	64
大豆	94
大腸菌	112
第2管理区分	64
第2評価値	64, 65
太陽エネルギー	2
対流圏モニタリングシステム	142
多環縮合芳香族炭化水素	82
脱硫装置	84
単位作業場所	63
炭化水素系物質	6

【ち】

地下水系	91
地球温暖化	5
地球温暖化係数	12
地球温暖化現象	82
地球環境ファシリティ	152
地球環境モニタリングシステム	141
地球環境問題	3
地球サミット	79, 131
畜水産食品	109
窒素酸化物	6, 14, 18, 82, 83, 135
腸炎ビブリオ	112
直鎖型アルキルベンゼンスルホン酸ナトリウム	92
沈黙の春	117

【て】

ディーゼル製造技術	29
低濃度曝露	59
テトラクロロエチレン	90
デノボ合成	135
天敵	100
天敵昆虫	106
天敵線虫	106
天敵農薬	103
天敵微生物	108

【と】

糖質系バイオマス	29
動物用医薬品	110
トウモロコシ	94
特定化因子	52
特定事業場	88
特定農薬	103
特定物質の規制等によるオゾン層保護に関する法律	11
特定フロン	82
毒物シール	77
特別管理一般廃棄物	77
特別管理産業廃棄物	77, 136
土壌汚染	86, 93

土壌汚染対策法	148
トータルエネルギー	45
ドラフトチャンバー	66
鳥インフルエンザ	116
トリー・キャニオン号座礁事故	150
トリグリセライド	40
トリクロロエチレン	87, 90
トリハロメタン	91
トリフェニルスズ	91
トリブチルスズ	91

【な】

内寄生虫用剤	110
内分泌撹乱物質	114

【に】

肉骨粉	119
二酸化硫黄	6, 135
二酸化炭素	27, 85
二酸化炭素排出量	7
二次汚染	87
日本産業衛生学会	69
ニンバス7号衛星	9

【ね】

ネガティブリスト制	101
熱化学変換	28
熱帯雨林	19

【の】

農薬	99
農薬取締法	100
ノニルフェノール	92
ノニルフェノール（ポリ）エトキシレート	92

【は】

廃PCB	136
バイオハザード	125
バイオハザードマーク	129
バイオペレット製造技術	29
バイオポリマー	36
バイオポリメリゼーション	38
バイオマス	28, 36

索　　　引　　159

バイオマスサイクル　34	ペットボトル　139	油脂原料用　94
バイオマス資源　27	ベンゼン　6	油濁民事責任条約　150
バイオマス・ニッポン		
総合戦略　33	【ほ】	【よ】
バイオマス発電　34	包括的環境対処補償責任法	陽イオン性界面活性剤　91
廃棄物系バイオマス　33	145	容器包装リサイクル法　138
廃　酸　136	法令遵守　143	
ばい塵　134	ポジティブリスト制　101	【ら】
ハイドロクロロフルオロ	ポストハーベスト農薬　108	ライフサイクルアセス
カーボン　11	ポリ塩化ビフェニル	メント
バキュロウイルス　42	122, 137	42, 50, 51, 133, 140
曝露限界値　57	ポリ乳酸　30, 36	ラムサール条約　153
曝露濃度　57	ホルムアルデヒド　81	
パークロロエチレン　87	ホルモン剤　110	【り】
バーゼル条約　23, 137, 150		リオ宣言　79, 131
発がん性　93	【ま】	リグニン　33
発酵技術　28	マテリアルリサイクル　140	リグノケミカルズ　32
ハロン　5, 14	マルポール条約　22	リサイクル　138
	慢性毒性　70	リスクアセスメント
【ひ】		42, 50, 51
非イオン性界面活性剤　91	【め】	リスク管理　144
光環境触媒　39	メタン　27	リスクコミニュケーション
非感染性廃棄物　127	メタンガス　34	26, 145
非再生資源　2	メタンハイドレート　5, 85	リスクマネジメント　142
ヒートアイランド現象　24	メタン発酵　28, 86	リターナブルボトル
品目別自給率　98	滅菌消毒処理　129	139, 140
		粒子状物質　55
【ふ】	【も】	リユース　138, 140
フィブロイン　42	木質ペレット燃料　41	
風力エネルギー　2	モニタリング　60	【れ】
フェライト安定化処理法	モントリオール議定書　8, 10	レイチェル・カーソン　117
137		レッドデータブック　153
物理的封じ込め　127	【や】	レッドリスト　23, 153
浮遊粒子状物質　6	薬　品　68	
プレハーベスト農薬　108	薬品管理台帳　77	【ろ】
フロン　5		労働安全衛生法　53
分岐鎖型アルキルベンゼン	【ゆ】	ロンドン条約　22, 149
スルホン酸ナトリウム　92	有害廃棄物の越境移動　150	
	有害要因　54	【わ】
【へ】	有機性資源　27	ワシントン条約　153
米国環境保護局　145	有機溶媒　81	
米国国家研究委員会　146	油脂系バイオマス　30	

索引

【A】
ABC	144
ABS	92
ACGIH	69
ADI	101, 103
A測定	63

【B】
BOD	90
BSE	119
B測定	63

【C】
CAS	68
CFC	5
COD	90
CODEX	101
COP 3	7
CR	23
CSD	132

【E】
E factor	50
ELV/WEEE	144
EN	23

【G】
GEF	152
GHS	70, 154
GMO	119
GWP	12

【H】
HCFC	11

【I】
ILO	149
IMO	150
IPCC 評価報告書	5
IPCS	114
ISO	134
ISO 14001	134
ISO 14040	51
IUCN	23

【L】
LAS	92
LC_{50}	71
LCA	51, 133, 140
LD_{50}	71

【M】
MSDS	76

【N】
NOx	14
NRC	146

【O】
ODA	85
ODP	12
OECD	75, 95, 147
OPRC 条約	22

【P】
P-1	127
P-4	127
PCB	122, 137
PET	139
PNEC	51
PRTR	75, 147
PRTR 活動	143

【R】
RDF	41
RoHS 規制	149

【S】
SOx	14

【T】
TBT	91
TEQ	88
TLV	69
TPT	91
TRI	75

【U】
UNDP	149
UNEP	10, 142, 149, 152
USEPA	145, 147

【V】
VU	23

【W】
WHO	114, 149

【数字】
1,1,1-トリクロロエタン	90
3 R	138
γ-オリザノール	40

―― 著者略歴 ――

北爪　智哉（きたづめ　ともや）
1970 年　群馬大学工学部応用化学科卒業
1975 年　東京工業大学大学院博士課程修了（化学工学専攻）
　　　　工学博士
1985 年　東京工業大学助教授
2002 年　東京工業大学教授
2012 年　東京工業大学名誉教授

池田　宰（いけだ　つかさ）
1981 年　東京大学工学部工業化学科卒業
1982 年　東京大学大学院修士課程中退（応用化学専攻）
1982 年　東京工業大学教務職員
1990 年　工学博士（東京工業大学）
1997 年　広島大学助教授
2002 年　宇都宮大学教授
　　　　現在に至る

久保田俊夫（くぼた　としお）
1977 年　東京農工大学工学部工業化学科卒業
1979 年　東京工業大学大学院修士課程修了（化学工学専攻）
1979 年
～81 年　東亞合成化学工業（株）勤務
1991 年　工学博士（東京工業大学）
1993 年　茨城大学講師
2000 年　茨城大学助教授
2007 年　茨城大学准教授
2009 年　茨城大学教授
　　　　現在に至る

辻　正道（つじ　まさみち）
1972 年　山口大学工学部資源工学科卒業
1977 年　東北大学大学院博士課程修了（原子核工学専攻）
　　　　工学博士
1993 年　東京工業大学助教授
2003 年　イー・アンド・イーソリューションズ（株）勤務
　　　　現在に至る

北爪　麻己（きたづめ　まみ）
1983 年　麻布大学環境保健学部衛生技術学科卒業
1983～
2005 年　（社）日本食品衛生協会食品衛生研究所勤務
2005 年　東京工業大学大学院生命理工学研究科補佐員
2009 年　東京工業大学大学院生命理工学研究科退職

環境安全論　―持続可能な社会へ―
Environmental Safety (& Waste)
― Sustainable Development for Human Life ―
Ⓒ T. Kitazume, T. Ikeda, T. Kubota, M. Tsuji, M. Kitazume　2006

2006年9月28日　初版第1刷発行
2013年12月25日　初版第4刷発行

検印省略

著　者	北　爪　智　哉
	池　田　　　宰
	久　保　田　俊　夫
	辻　　　正　道
	北　爪　麻　己
発行者	株式会社　コロナ社
	代表者　牛来真也
印刷所	新日本印刷株式会社

112-0011　東京都文京区千石4-46-10
発行所　株式会社　コロナ社
CORONA PUBLISHING CO., LTD.
Tokyo　Japan
振替 00140-8-14844・電話(03)3941-3131(代)
ホームページ http://www.coronasha.co.jp

ISBN 978-4-339-06738-5　（松岡）　（製本：愛千製本所）
Printed in Japan

本書のコピー，スキャン，デジタル化等の無断複製・転載は著作権法上での例外を除き禁じられております。購入者以外の第三者による本書の電子データ化及び電子書籍化は，いかなる場合も認めておりません。

落丁・乱丁本はお取替えいたします

エコトピア科学シリーズ

■名古屋大学エコトピア科学研究所 編　　　　　　（各巻A5判）
■編集委員長　髙井　治
■編集委員　田原　譲・長崎正雅・楠　美智子・余語利信・内山知実

配本順			頁	本体
1.（1回）	エコトピア科学概論 ― 持続可能な環境調和型社会実現のために ―	田原　譲他著	208	2800円
2.	環境調和型社会のためのエネルギー科学	長崎正雅他著		
3.	環境調和型社会のための環境科学	楠　美智子他著		
4.	環境調和型社会のためのナノ材料科学	余語利信他著		
5.	環境調和型社会のための情報・通信科学	内山知実他著		

シリーズ　21世紀のエネルギー

■日本エネルギー学会編　　　　　　（各巻A5判）

			頁	本体
1.	21世紀が危ない ― 環境問題とエネルギー ―	小島紀德著	144	1700円
2.	エネルギーと国の役割 ― 地球温暖化時代の税制を考える ―	十市・小川 佐川　共著	154	1700円
3.	風と太陽と海 ― さわやかな自然エネルギー ―	牛山　泉他著	158	1900円
4.	物質文明を超えて ― 資源・環境革命の21世紀 ―	佐伯康治著	168	2000円
5.	Cの科学と技術 ― 炭素材料の不思議 ―	白石・大谷 京谷・山田　共著	148	1700円
6.	ごみゼロ社会は実現できるか	行本・西 立　田　共著	142	1700円
7.	太陽の恵みバイオマス ― CO_2を出さないこれからのエネルギー ―	松村幸彦著	156	1800円
8.	石油資源の行方 ― 石油資源はあとどれくらいあるのか ―	JOGMEC調査部編	188	2300円
9.	原子力の過去・現在・未来 ― 原子力の復権はあるか ―	山地憲治著	170	2000円
10.	太陽熱発電・燃料化技術 ― 太陽熱から電力・燃料をつくる ―	吉田・児玉 郷右近　共著	174	2200円
11.	「エネルギー学」への招待 ― 持続可能な発展に向けて ―	内山洋司編著	近刊	

以下続刊

21世紀の太陽電池技術	荒川裕則著	キャパシタ ― これからの「電池ではない電池」―	直井・石川・白石共著	
マルチガス削減 ― エネルギー起源CO₂以外の温暖化要因を含めた総合対策 ―	黒沢敦志著	バイオマスタウンとバイオマス利用設備100	森塚・山本・吉田共著	
新しいバイオ固形燃料 ― バイオコークス ―	井田民男著			

定価は本体価格+税です。
定価は変更されることがありますのでご了承下さい。

図書目録進呈◆

バイオテクノロジー教科書シリーズ

(各巻A5判)

■編集委員長　太田隆久
■編集委員　相澤益男・田中渥夫・別府輝彦

配本順			頁	本体
1. (16回)	生命工学概論	太田　隆久 著	232	3500円
2. (12回)	遺伝子工学概論	魚住　武司 著	206	2800円
3. (5回)	細胞工学概論	村上　浩紀／菅原　卓也 共著	228	2900円
4. (9回)	植物工学概論	森川　弘道／入船　浩平 共著	176	2400円
5. (10回)	分子遺伝学概論	高橋　秀夫 著	250	3200円
6. (2回)	免疫学概論	野本　亀久雄 著	284	3500円
7. (1回)	応用微生物学	谷　吉樹 著	216	2700円
8. (8回)	酵素工学概論	田中　渥夫／松野　隆一 共著	222	3000円
9. (7回)	蛋白質工学概論	渡辺　公綱／小島　修一 共著	228	3200円
10.	生命情報工学概論	相澤　益男 他著		
11. (6回)	バイオテクノロジーのためのコンピュータ入門	中村　春木／中井　謙太 共著	302	3800円
12. (13回)	生体機能材料学 — 人工臓器・組織工学・再生医療の基礎 —	赤池　敏宏 著	186	2600円
13. (11回)	培養工学	吉田　敏臣 著	224	3000円
14. (3回)	バイオセパレーション	古崎　新太郎 著	184	2300円
15. (4回)	バイオミメティクス概論	黒田　裕子／西谷　孝久 共著	220	3000円
16. (15回)	応用酵素学概論	喜多　恵子 著	192	3000円
17. (14回)	天然物化学	瀬戸　治男 著	188	2800円

定価は本体価格＋税です。
定価は変更されることがありますのでご了承下さい。

図書目録進呈◆

エコトピア科学シリーズ

■名古屋大学エコトピア科学研究所 編　　　　（各巻A5判）
■編集委員長　高井　治
■編集委員　田原　譲・長崎正雅・楠　美智子・余語利信・内山知実

配本順			頁	本体
1.（1回）	エコトピア科学概論 ― 持続可能な環境調和型社会実現のために ―	田原　譲他著	208	2800円
2.	環境調和型社会のための**エネルギー科学**	長崎正雅他著		
3.	環境調和型社会のための**環　境　科　学**	楠　美智子他著		
4.	環境調和型社会のための**ナノ材料科学**	余語利信他著		
5.	環境調和型社会のための**情報・通信科学**	内山知実他著		

シリーズ　21世紀のエネルギー

■日本エネルギー学会編　　　　（各巻A5判）

			頁	本体
1.	21世紀が危ない ― 環境問題とエネルギー ―	小島紀徳著	144	1700円
2.	エネルギーと国の役割 ― 地球温暖化時代の税制を考える ―	十市・小川 佐川 共著	154	1700円
3.	風と太陽と海 ― さわやかな自然エネルギー ―	牛山　泉他著	158	1900円
4.	物質文明を超えて ― 資源・環境革命の21世紀 ―	佐伯康治著	168	2000円
5.	Cの科学と技術 ― 炭素材料の不思議 ―	白石・大谷 京谷・山田 共著	148	1700円
6.	ごみゼロ社会は実現できるか	行本・西田 立田 共著	142	1700円
7.	太陽の恵みバイオマス ― CO_2を出さないこれからのエネルギー ―	松村幸彦著	156	1800円
8.	石油資源の行方 ― 石油資源はあとどれくらいあるのか ―	JOGMEC調査部編	188	2300円
9.	原子力の過去・現在・未来 ― 原子力の復権はあるか ―	山地憲治著	170	2000円
10.	太陽熱発電・燃料化技術 ― 太陽熱から電力・燃料をつくる ―	吉田・児玉 郷右近 共著	174	2200円
11.	「エネルギー学」への招待 ― 持続可能な発展に向けて ―	内山洋司編著	近刊	

以下続刊

21世紀の太陽電池技術	荒川裕則著	キャパシタ ― これからの「電池ではない電池」 ―	直井・石川・白石共著
マルチガス削減 ― エネルギー起源CO_2以外の温暖化要因を含めた総合対策 ―	黒沢敦志著	バイオマスタウンとバイオマス利用設備100	森塚・山本・吉田共著
新しいバイオ固形燃料 ― バイオコークス ―	井田民男著		

定価は本体価格+税です。
定価は変更されることがありますのでご了承下さい。

図書目録進呈◆

バイオテクノロジー教科書シリーズ

(各巻A5判)

■編集委員長　太田隆久
■編集委員　相澤益男・田中渥夫・別府輝彦

配本順			頁	本体
1.(16回)	生命工学概論	太田隆久 著	232	3500円
2.(12回)	遺伝子工学概論	魚住武司 著	206	2800円
3.(5回)	細胞工学概論	村上浩紀・菅原卓也 共著	228	2900円
4.(9回)	植物工学概論	森川弘道・入船浩平 共著	176	2400円
5.(10回)	分子遺伝学概論	高橋秀夫 著	250	3200円
6.(2回)	免疫学概論	野本亀久雄 著	284	3500円
7.(1回)	応用微生物学	谷吉樹	216	2700円
8.(8回)	酵素工学概論	田中渥夫・松野隆二 共著	222	3000円
9.(7回)	蛋白質工学概論	渡辺公綱・小島修 共著	228	3200円
10.	生命情報工学概論	相澤益男他 著		
11.(6回)	バイオテクノロジーのためのコンピュータ入門	中村春木・中井謙太 共著	302	3800円
12.(13回)	生体機能材料学 — 人工臓器・組織工学・再生医療の基礎 —	赤池敏宏	186	2600円
13.(11回)	培養工学	吉田敏臣 著	224	3000円
14.(3回)	バイオセパレーション	古崎新太郎 著	184	2300円
15.(4回)	バイオミメティクス概論	黒田裕久・西谷孝子 共著	220	3000円
16.(15回)	応用酵素学概論	喜多恵子 著	192	3000円
17.(14回)	天然物化学	瀬戸治男 著	188	2800円

定価は本体価格+税です。
定価は変更されることがありますのでご了承下さい。

図書目録進呈◆

土木・環境系コアテキストシリーズ

(各巻A5判)

- ■編集委員長　日下部　治
- ■編集委員　小林 潔司・道奥 康治・山本 和夫・依田 照彦

共通・基礎科目分野

	配本順				頁	本体
A-1	(第9回)	土木・環境系の力学	斉木　功著		208	2600円
A-2	(第10回)	土木・環境系の数学 — 数学の基礎から計算・情報への応用 —	堀井 宗朗 市村 強 共著		188	2400円
A-3	(第13回)	土木・環境系の国際人英語	井合 進 R. Scott Steedman 共著		206	2600円
A-4		土木・環境系の技術者倫理	藤原 章正 木村 定雄 共著			

土木材料・構造工学分野

B-1	(第3回)	構　造　力　学	野村 卓史著		240	3000円
B-2		土　木　材　料　学	中村 聖三 奥松 俊博 共著		近刊	
B-3	(第7回)	コンクリート構造学	宇治 公隆著		240	3000円
B-4	(第4回)	鋼　構　造　学	舘石 和雄著		240	3000円
B-5		構　造　設　計　論	佐藤 尚次 香月 智 共著			

地盤工学分野

C-1		応　用　地　質　学	谷 和夫著			
C-2	(第6回)	地　盤　力　学	中野 正樹著		192	2400円
C-3	(第2回)	地　盤　工　学	髙橋 章浩著		222	2800円
C-4		環　境　地　盤　工　学	勝見 武著			

水工・水理学分野

D-1	(第11回)	水　理　学	竹原 幸生著		204	2600円
D-2	(第5回)	水　文　学	風間 聡著		176	2200円
D-3		河　川　工　学	竹林 洋史著		近刊	
D-4	(第14回)	沿　岸　域　工　学	川崎 浩司著		218	2800円

土木計画学・交通工学分野

E-1	(第17回)	土　木　計　画　学	奥村 誠著		204	2600円
E-2		都市・地域計画学	谷下 雅義著		近刊	
E-3	(第12回)	交　通　計　画　学	金子 雄一郎著		238	3000円
E-4		景　観　工　学	川﨑 雅史 久保田 善明 共著			
E-5	(第16回)	空　間　情　報　学	須﨑 純一 畑山 満則 共著		236	3000円
E-6	(第1回)	プロジェクトマネジメント	大津 宏康著		186	2400円
E-7	(第15回)	公共事業評価のための経済学	石倉 智樹 横松 宗太 共著		238	2900円

環境システム分野

F-1		水　環　境　工　学	長岡 裕著			
F-2	(第8回)	大　気　環　境　工　学	川上 智規著		188	2400円
F-3		環　境　生　態　学	西村 修 山田 一裕 中島 和隆 野岡 典行 共著			
F-4		廃　棄　物　管　理　学	中山 裕文著			
F-5		環　境　法　政　策　学	織 朱實著			

定価は本体価格+税です。
定価は変更されることがありますのでご了承下さい。

図書目録進呈◆

地球環境のための技術としくみシリーズ

(各巻A5判)

コロナ社創立75周年記念出版 〔創立1927年〕

■編集委員長　松井三郎
■編　集　委　員　小林正美・松岡　譲・盛岡　通・森澤眞輔

	配本順			頁	本体
1.	(1回)	今なぜ地球環境なのか	松井三郎編著	230	3200円
		松下和夫・中村正久・髙橋一生・青山俊介・嘉田良平 共著			
2.	(6回)	生活水資源の循環技術	森澤眞輔編著	304	4200円
		松井三郎・細井由彦・伊藤禎彦・花木啓祐 荒巻俊也・国包章一・山村尊房 共著			
3.	(3回)	地球水資源の管理技術	森澤眞輔編著	292	4000円
		松岡　譲・髙橋　潔・津野　洋・古城方和 楠田哲也・三村信男・池淵周一 共著			
4.	(2回)	土壌圏の管理技術	森澤眞輔編著	240	3400円
		米田　稔・平田健正・村上雅博 共著			
5.		資源循環型社会の技術システム	盛岡　通編著		
		河村清史・吉田　登・藤田　壮・花嶋正孝 宮脇健太郎・後藤敏彦・東海明宏 共著			
6.	(7回)	エネルギーと環境の技術開発	松岡　譲編著	262	3600円
		森　俊介・槌屋治紀・藤井康正 共著			
7.		大気環境の技術とその展開	松岡　譲編著		
		森口祐一・島田幸司・牧野尚夫・白井裕三・甲斐沼美紀子 共著			
8.	(4回)	木造都市の設計技術		282	4000円
		小林正美・竹内典之・髙橋康夫・山岸常人 外山　義・井上由起子・菅野正広・鉾井修一 吉田治典・鈴木祥之・渡邉史夫・高松　伸 共著			
9.		環境調和型交通の技術システム	盛岡　通編著		
		新田保次・鹿島　茂・岩井信夫・中川　大 細川恭史・林　良嗣・花岡伸也・青山吉隆 共著			
10.		都市の環境計画の技術としくみ	盛岡　通編著		
		神吉紀世子・室崎益輝・藤田　壮・島谷幸宏 福井弘道・野村康彦・世古一穂 共著			
11.	(5回)	地球環境保全の法としくみ	松井三郎編著	330	4400円
		岩間　徹・浅野直人・川勝健志・植田和弘 倉阪秀史・岡島成行・平野　喬 共著			

定価は本体価格＋税です。
定価は変更されることがありますのでご了承下さい。

図書目録進呈◆